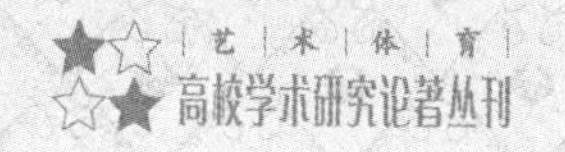

艺术与科技的融合：交互设计的研究与应用

张菁秋　著

图书在版编目(CIP)数据

艺术与科技的融合：交互设计的研究与应用 / 张菁秋著. -- 北京：中国书籍出版社，2022.10

ISBN 978-7-5068-9250-6

Ⅰ. ①艺… Ⅱ. ①张… Ⅲ. ①人一机系统一系统设计一研究 Ⅳ. ①TP11

中国版本图书馆 CIP 数据核字(2022)第 201326 号

艺术与科技的融合：交互设计的研究与应用

张菁秋 著

丛书策划 谭 鹏 武 斌
责任编辑 毕 磊
责任印制 孙马飞 马 芝
封面设计 东方美迪
出版发行 中国书籍出版社
地　　址 北京市丰台区三路居路 97 号(邮编：100073)
电　　话 (010)52257143(总编室) (010)52257140(发行部)
电子邮箱 eo@chinabp.com.cn
经　　销 全国新华书店
印　　厂 三河市德贤弘印务有限公司
开　　本 710 毫米×1000 毫米 1/16
字　　数 246 千字
印　　张 15.5
版　　次 2023 年 3 月第 1 版
印　　次 2023 年 5 月第 2 次印刷
书　　号 ISBN 978-7-5068-9250-6
定　　价 90.00 元

目 录

第一章　交互设计概述

交互是设计者与产品或服务之间基于用户体验的交互机制，使最终用户能够根据其逻辑有效完成和效率享受使用产品的乐趣。例如抖音的交互设计，无论是 UI 还是 UX 方面，抖音几乎都是没有短板的。还可以用一个词来总结，就是沉浸式。本章将对交互设计的相关理论展开论述。

第一节　交互设计的概念

一、交互设计的释义

在工业时代，产品的形状可以触发产品的功能和使用。当用户看到一个产品时，他们可以很容易地使用它而不需要解释说明，就像我们看到一个茶壶，就知道如何使用它。

随着信息时代的到来，产品变得越来越复杂。工程师和设计师在设计中没有考虑一些人性化设计，总会给产品使用带来一些疑问和体验的产品，甚至可能会干扰用户正常使用产品。正是在这种背景下，交互设计(Interaction Design)创造了新的设计方法和设计领域。

人们每天发送几十条微信，用手机玩游戏，通过 ATM 取款或存钱。其中一些活动令人愉快，但也有一些活动人们的体验感则不佳。举例说明。

(1)人们走到玻璃门前，会发现门上贴着“推”字或“拉”字，很多都是主人手写的。为什么需要提示？会有很多人犯错吗？

(2)使用自助红绿灯时,按下按钮后没有反馈,是否需要继续按下?还是等待?等多久?

(3)将新应用程序下载到手机上,不知道如何删除。

(4)使用网站时,页面混乱,必须注册为新用户。

从以上可以看出,人们的生活越来越多样化和复杂。解决这些复杂的问题是一项互动式的任务(图 1-1)。交互设计是一种技术,它使产品易于使用,有效,方便用户和尽量达到他们的期望,了解用户在与产品交互中的行为以及他们的心理和行为特征,并理解、改进和扩展它。

图 1-1 互动式

产品界面与其行为之间的相互作用使得产品与其用户之间的有机联系得以实现,从而能够有效地实现用户的目标,而这正是交互的目的所在。交互设计是一门涉及广泛领域的新兴学科,与工业设计、视觉设计、心理学、信息学、计算机科学等领域的广泛专业人士进行交流。

二、交互产品设计

交互产品是一个广义的概念,因为产品拥有互动系统,所以都可以成为交互产品,如椅子、网站和游戏都可以称为产品。而狭义的产品则是指工业生产出的产品,它可以看作是工业设计领域的延伸;也可以看作是工业设计发展的一个新阶段。增加产品的交互特性，提高产品使用时的用户体验，是设计交互产品的主要目的。在这一领域，网络技术、RFID和各种传感器的使用给传统产品设计带来了新的转变。在这一领域，交互式住宅设计与公共空间互动式产品设计相比具有更广泛的代表性。最典型的例子是扫地机器人，再如交互式灯具，用户可以触摸、旋转、更换颜色，还可以使用移动应用程序控制，大大丰富了灯泡使用的交互体验(图1-2)。

图1-2　智能灯具

三、服务设计中的交互设计

目前，设计师的设计重点是服务设计(Service Design)时，他们不是针对任何产品或界面，而是针对用户服务的全过程。在社会经济领域，服务业的作用越来越大，许多生产产品的公司开始转位为服务公司，如诺基亚。服务设计通常包括交互内容设计、与用户的通信、用户反馈和其他属于交互设计范围的元素。例如，汽车模型的展示是整个汽车公司客户服务设计的一部分。此外，Intel零售设计还实施数字零售服务。类似地，通信运营商提供的服务包含很多内容：交互式应用程序，如电子钱包(图1-3)。此外，服务设计的设计流程与方法与交互设计类似，强调用户学习、流程优化等。

图 1-3　电子钱包

第二节　交互设计的宗旨

一、用户控制

用户界面设计的一个重要原则是,用户在使用时应该不断地感觉到自己在控制软件而不是软件控制用户。这个原则背后隐藏着许多含义,具体如下。

第一个含义是用户指定操作方式,而不是计算机或软件来指定。在这里,用户应该扮演积极的角色,而不是被动的角色。用户可以通过多种方法自动执行特定任务,但同时必须能够选择或控制此自动过程。

第二个含义是开发人员的软件应该尽可能具有交互性,能够以最大的灵敏度响应用户的行动。在软件开发过程中,设计者应尽可能避免使用“模式”。

在这种情况下,“模式”是指排除正常交互或用户限制其特定交互的情况。如果模式是唯一或最好的选项(例如,在绘图程序中选择一个工具),那么请确保该模式的选择是明显的、可视化的,是用户选择的结果,并且可以很容易地退出该选项。

二、直接性

开发人员开发的软件必须允许用户直接处理软件中表达的信息。无论将对象拖放到新位置，还是将其移动到文档中，用户都必须在屏幕上看到自己的操作对对象产生的影响。信息和选择的可视性同样也可以减少用户大脑的工作量。与用来记住命令的语法规则相比，用户识别命令要容易得多。

熟悉的隐喻为用户的任务提供直接直观的界面。如果允许用户传递他们的知识和经验，那么隐喻可以帮助用户更容易地预测和学习基于软件的表达式。对于一个设计良好的用户界面来说，隐喻为用户提供了一个易于理解的、一致的框架，在不必为基层技术的细节所困惑的前提下，用户可以在这个框架中轻松地工作。为了达到这种理想的界面设计结果，Windows 用户界面的设计模型采用了对象隐喻的概念。当我们对周围的世界进行解释和交互作用的时候，隐喻是一种比较自然的方式。在界面中，对象(object)所描述的并不仅是文件或图标，它还描述了所有的信息单位，其中包括单元、段落、字符、圆周以及它在其中驻留的文档等等。

在使用隐喻时，使用者不需要将一个应用程序限制在自己的"真实世界"中。例如，与基于纸张的文件不同，Windows 桌面上的文件夹可以用来组织大量对象，如打印机、计算器和其他较小的文件夹；它不再是"真实世界"文件夹。同样，Windows 文件夹可能更便于排序。在界面设计中使用隐喻的目的是为了向大家提供一个易于理解的形式：隐喻代表的并不仅仅是它本身的含义。隐喻支持一个人的认知能力，而不是他(她)的记忆。与特定命令的名称相比，可以很容易地记住与对象相关的含义。

三、一致性

一致性允许用户将现成的知识转移到新的任务中，从而可以快速获取新的知识。由于用户不必花时间记住交互作用中的差异，因此可以专注于特定的任务。由于提供了稳定一致的操作模式，所以一致性可以让不同任务中的界面为用户带来熟悉的感觉，所有操作都可以预见，用户不必学习新的操作方法。

在设计所有界面要素的过程中,一致性至关重要;在这里,界面元素包括命令名、信息可视化显示和用户操作。为了确保软件开发的一致性,用户必须了解以下几个方面。

(1)产品的一致性。使用一组串行命令和界面来执行常规功能。例如,开发人员在使用 copy 命令时需要小心,该命令在某些情况下指示立即执行操作,但在其他情况下显示一个对话框,用户需要在其中指定要复制文件的位置。在这个例子中,我们可以看到,为了执行某个特定的函数,必须使用类似于用户命令的命令。

(2)操作环境中的一致性。通过确保软件提供的互操作性和界面规范之间的高度一致性,开发人员开发的软件可以用于用户已获得互操作性技能的应用程序。

(3)隐喻的一致性。与对象的隐喻意义进行比较,如果某个特定动作看起来更具体,用户可能很难将这种行为与对象联系起来。例如,假设我们现在需要一个隐喻来反映物体的复原能力。如果我们选择粉碎文件,那么与垃圾桶相比,前者明显偏离了我们的意图。

四、容错

用户更喜欢探索软件界面,并总是在测试和错误中学习它。一个有效的界面,让用户进行互动式研究,只为用户提供一套合适的选择集合,可能会损坏系统或数据,或为恢复交易创造更有利的环境,向用户指出潜在的危险,并发出警告。

即使在最好的设计界面中,用户也可能犯错误。这些错误可以是物理错误(意外地指向错误的命令或数据),也可以是主观错误(错误地决定选择正确的命令或数据)。有效的界面可以防止错误的发生;它还可以调节用户可能犯的错误,并允许用户以简单的方式撤销其错误。

五、反馈

在设计过程中,开发人员必须始终确保向用户提供适当的反馈。这些反馈应该是视觉化的,有时也可以是声音信息。对于每一个与用户交互的操作，程序必须为该操作提供相关信息，以确保软件对载体用户做出响应，并反映操作的不同特点。

有效的反馈非常及时，必须尽可能靠近用户交互点。即使计算机正在执行一项特殊任务，它也必须向用户提供有关处理过程的信息，并在可能的情况下指示如何退出该过程。一个对于任何输入都不作响应的、死机屏幕对用户的打击最大。对于一个典型的用户来说，他（她）可能会容忍屏幕在几秒钟内没有响应请求。

同样重要的是，开发人员提供的快速反馈类型与特定任务相匹配。更改鼠标指针或状态消息可以显示一些简单的消息；更复杂的反馈要求开发人员使用框架来传递信息。

六、美学效果

可视化设计是软件界面设计中一个非常重要的组成部分，增强可见性可以给用户留下深刻印象，并提供与特定对象交互的重要提示，从而使程序界面更容易理解和操作。同时，设计者必须记住，屏幕上显示的每个视觉元素都会分散用户的注意力。创建一个方便的操作环境将有助于用户理解什么是信息呈现。如果需要从编程中达到审美效果，则需要图形或视觉设计（图 1-4）。

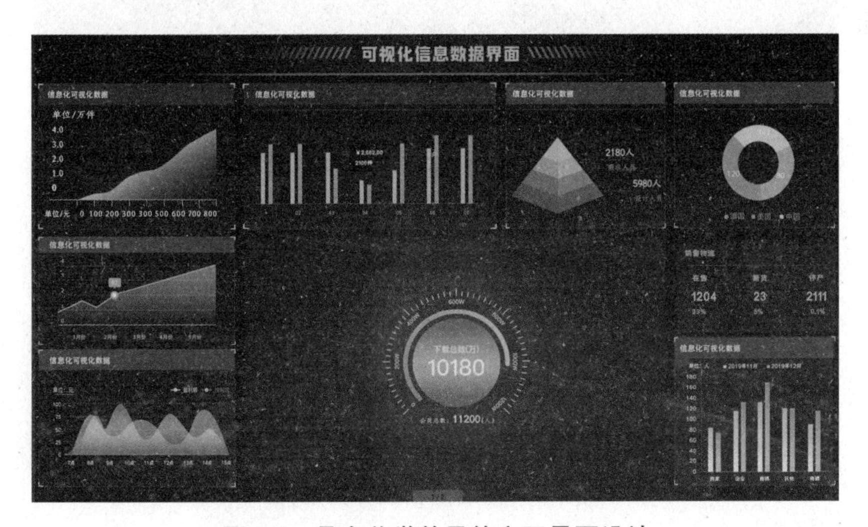

图 1-4　具有美学效果的交互界面设计

七、简化性

界面应更简单(而不是过于简化),并便于用户学习和使用,还为用户提供了访问应用程序所有功能的权限。在界面设计过程中,要最大限度地利用功能,但同时要保持操作的简单性,这两方面是相互矛盾的。为了更好的界面设计,它可以始终保持这两个方面之间的平衡。

促进简化程序的一个方法是减少提供辅助信息,用最少的信息澄清问题。例如,对于命令或消息的名称,必须防止使用不必要的描述。不恰当或冗长的习惯性语言会破坏自己的设计;用户也无法正确识别基本信息。如果你想创建一个至少简单但有用的界面,另一种方法是使用自然语言,而不是花里胡哨的。元素本身的机制和呈现对于用户正确理解其含义和组织很重要。

用户还可以使用“Progressive Disclosure”帮助用户理解界面的复杂性。在这里,“逐步呈现”需要开发人员仔细组织信息,并在适当的时间呈现。由于提供给用户的信息是“隐藏的”,设计师可以减少信息处理量。例如,如果用户单击一个菜单(图 1-5),就会出现一个菜单项;对话框允许您减少菜单选项的数量。

图 1-5　简洁的交互界面设计

"逐步演示"并不意味着开发人员需要使用非传统技术向用户披露信息，[①]因为这样做就会使界面的设计变得更加复杂。

第三节　交互设计的发展历程

20世纪90年代初，IDEO负责人比尔·莫格里奇设计了最初的便携式笔记本电脑，体积小，结构薄，材料和表面处理也很好。这样完美的设计并没有使比尔·莫格里奇兴奋太久，比尔·莫格里奇(Bill Mogridge)意识到这是一个与前一个不同的新设计领域，于是将其命名为交互设计(Interaction Design)。

事实上，交互设计的出现不局限于此，计算机出现后人类应该成为研究对象之前就已经出现了。但在计算机发展的最初几年，交互设计更是一门沉默的学科，直到新的创新出现后，交互设计才真正开启了它的历史。

一、GUI的出现

1968年，道格·英格巴特(Doug Ingbat)透露，他发明了一种带有按钮的小盒子，它使用这个小盒子按下鼠标按钮，进行复制、粘贴等操作，这就是鼠标的原型。这个小盒子扩展了人们使用计算机的能力，摆脱了仅仅通过输入文本与计算机通信的历史。

此后，施乐公司的计算机ALTO和STAR的出现加速了交互过程。Alto开始使用桌面隐喻，以及鼠标点击、双击等，现在已经习惯了常规交互。例如，施乐STAR计算机和今天的苹果计算机在使用模式上还是一脉相承的。

推动交互设计向前发展是个人电脑的普及。在20世纪80年代，个人电脑的发展促进了图形界面的扩展。图形用户界面GUI(Graphic

① 比如需要按下一个特定的键才能访问基本的功能或者强迫用户按照一个更长的阶层式交互序列进行操作等等。

User Interface)在苹果的 Lisa 和 Macintosh 系统上已经真正商业化,同时出现了一系列基于 GUI 的操作系统,包括 Microsoft Windows。图形界面的出现使人与计算机的交互过程丰富有趣,几十年来,这种模式也成为联运设计的主要元素。最重要的 GUI 模式是 WIMP 图形界面系统,它由窗口(Windows)、图标(Icon)、菜单(Menu)和指针(Pointer)以及一系列其他元素组成,包括面板(Bar)、按钮(Button)等。

二、互联网时代

交互设计的另一个强大动力是互联网的出现,它自 20 世纪 90 年代以来改变了人们的生活。如果没有互联网,个人电脑只能是“工具”而不是“玩具”。互联网为越来越多的普通人提供了拥有计算机的基础,互联网为无限数量的信息、应用程序和游戏为互动设计提供了广泛的可能性,如谷歌网站(图 1-6)。

图 1-6 使用互联网

丰富的互联网设计通过界面提供了多种可能性,也为计算机提供了淘宝、百度、豆瓣等无数特性。它可以是亚马逊和淘宝等市场,也可以是 Facebook 或 Sun Network 等社交平台,也可以是 CNN 等媒体或电台。这么多的可能性推动着交互设计的快速发展。

三、掌上时代

手掌上设备的出现是由于计算机的小型化，首先流行于手掌上的设备是手持手机。早期的手机，如 Moto 或 Nokia，界面简单，只围绕通信运行。早期的掌上电脑比如 Palm 或 Pocket PC 等缩小了计算机的功能，简化了操作。但是当手机和 PDA 电脑结合在一起时，设备的交互式设计发生了重大变化。在“手机都很智能”的当下，人们从上网的台式电脑中获得了新的感觉，又回到了手心。苹果 iPhone 让智能手机操作系统退出 PC 桌面模式，创建了一套独特的 iOS 系统，将触摸屏与力度感应触摸屏相结合，允许用户将工作状态提升到一个新的水平。另一个流行的移动操作系统 Andriod 也为用户提供了多种移动应用程序。移动设备再次把人们从办公桌上带到生活中，交互设计正在改变和影响用户的行为，如人们不再使用鼠标，而是用手指甚至手势发号施令。

四、智能产品与空间

微电子和传感器的发展扩大了交互领域，交互设计师不必再在屏幕上耽误时间进行设计。TUI(实体界面)、物联网和通用计算系统等概念允许交互式空间设计扩展生活的每个角落，想象超市里的每一种产品都可以展示自己的信息；有界面的办公桌可以让你忘记旧古董电脑；发送邮件只需要在屏幕前挥手几次。这些设计对象对交互设计师来说是一个巨大的挑战。例如，可以与桌面上的设备进行交互，通过真实的桌面系统，人们可以阅读文章和交换信息，这使得 30 多年前的桌面隐喻又回到了桌面上。

此外，现在清洁机器人可以独立完成大量的地板清洁工作，这些新的交互产品的出现拓宽了互动领域。机器人的发展还需要交互设计师来定义人类和机器人交互的必要概念和规则。

第二章 交互设计的基础理论研究

随着计算机技术、网络技术、信息技术的飞速发展，在人机交互过程中，软件交互的开发和应用出现了前所未有的机遇。软件交互的发展，使机器不再是只专注于获取和处理信息的专用工具，而是深入人们日常生活的每一个领域，使得普通用户利用其进行信息交流，逐渐成为生活的必备工具。人们学习和工作，越来越多地依赖于与机器交互来交换信息。本章将对交互设计的基础理论展开论述。

第一节 交互设计与物质技术基础

一、关于物质技术基础

这里的物质和技术基础是指交互界面硬平台的设计，它专门针对那些对交互界面有特殊要求的新媒体艺术项目，如大多数应用于公共空间的交互媒体艺术作品。由于服务对象是公共空间中的移动人群，如果还是按照个人设计标准去设计，那么这些设计可能会难以满足公众的通信和娱乐需求，因此在设计这些新媒体艺术交互界面时，要充分考虑到人机交互往往是通过面向人的交互方法来实现的，如肢体语言和语音交互等。

硬平台交互界面旨在创造一种全新的人机交互界面，用于控制机电、声学等物理平台，取代软平台中的单点鼠标或键盘、触摸屏等交互手段。例如，在设计软平台时，可以控制虚拟视频信号的开关，如果将交互部分重新设计为硬平台，则可以用实际的光开关代替鼠标按钮。视频监控虚拟空间中，与前者相比，新增了在硬平台上创作的新媒体艺术作品，给观众带来更多的感官感受。

电子书最早出现在计算机平台上，借助鼠标可以实现一种适用于个人电脑上单个用户阅读的页面抽取功能。近年来，随着新媒体技术的发展，新一代电子书逐渐进入人们的视野，这基本上可以说是一个公共空间的电子书演示界面发生了革命性的变化，投影仪将图像投射到已部署的图书馆道具上，挥手可以模拟图书的动作，非常灵活有趣(图 2-1)。传统书和电子书传达的信息相同，但传播方式却大相径庭，前者只是实用，而后者形象有趣，更适合开放式演示空间。

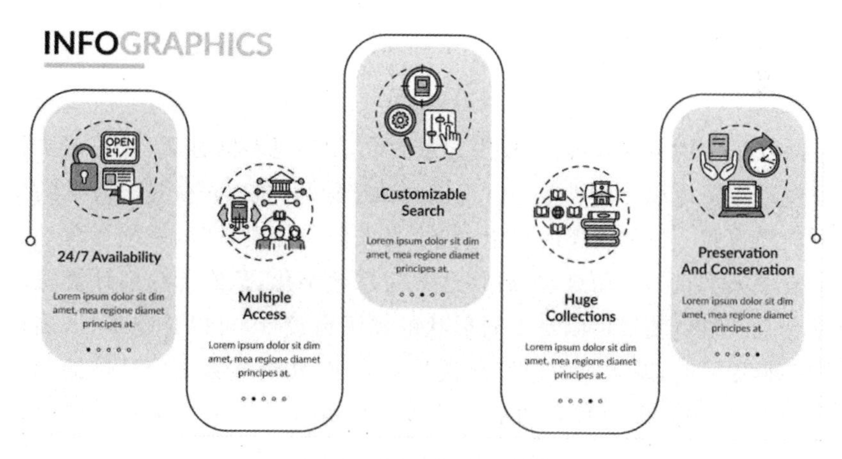

图 2-1　电子书交互界面

通过硬平台的升级，这些新媒体艺术虽然内容不变，但不同的操作方式给用户带来了截然不同的心理感受。加入硬平台设计的交互界面变得更加人性化，进而增强作品的亲和力，同时为观众营造沉浸其中的新感觉。

硬平台设计不仅是互补的，好的设计甚至可以实现好的作品。对于新兴媒体艺术家来说，学习硬件不仅可以对作品进行补充，还可以为创作提供新的灵感。新媒体艺术家不仅要了解技术的现状、新技术的发展等，使新媒体技术不断注入作品的创作中，创造一个崭新的、人性化的交互界面。我们更鼓励艺术家让他们亲身参观一件作品从策划到实施每一件都是一个阶段。只有这样，富有创意的新艺术媒体才能融入真情和深刻的思考。

二、设计内容

构建硬交互平台的主要任务是为用户打造全新的交互模式,打破传统的单块交互模式,将各种外部信息收集起来,像命令一样传输到软界面平台,建立新媒体展示的交互新机制。因此,硬平台设计的基本方案是建立机电控制系统,收集外部信息指令并将其传输到软平台设计的交互界面中,完成信息传输的真实世界和虚拟世界。同时,硬平台设计还包括生态布局演示,为参观者营造真实的主题氛围,取得预期效果。

(一)机电装置设计

除了使用鼠标和键盘,要通过肢体语言实现人机对话,首先需要将这些动作转换成计算机上可以识别的数字信号,机电设备是更常见的信号转换方式。设计有趣的机电设备,当人们使用设备时,系统会自动获取有关人类行为的信息,然后将这些信息数字化,最终传输到计算机软平台上。机电装置可以是不同形状的硬平台设计,可以是跑步机,当用户跑得更快时,跑步机的速度会被收集起来,转换成数字信号传输到软平台上,以控制虚拟视频的播放速度。机电设备也可以是轮盘传动装置,如环保主题的新多媒体艺术交互,用户通过在机械轮盘的两侧旋转显示器显示信息,该系统将转速和转圈数等信息转化为数字信号到软平台,实现内容显示屏幕控制的目的。

(二)信息采集设计

用传感器或摄像机采集客户指令信息,也是机电设备外信息转换的常用方法。它的采集原理非常简单,借助不同类型的传感器可以直接采集距离、温度、亮度、位移等信息。其他收集到的信息被转换成数字信号,最终传输到软平台。事实上,在用机电装置收集信息时,物理信息通过各种传感器转换成数字信号。例如在设计一件新媒体艺术作品,可以通过红外感应装置获得访问者位置的信息,当访问者进入走廊时,可以在屏幕上看到自己的正面投影图像;当访问者进入一半时,红外传感器感应到参观者的存在，正面投影图像成为参观者的反面。

（三）硬平台管理软件开发

硬平台将外部信息转换为数字信号，然后传输到软界面平台，那么硬平台不需要软件控制吗？答案是否定的。传感器数据获取、数据分析和与计算机的数据界面等问题需要相应的控制软件，这与在软平台上创建交互式界面系统的软件不同，而硬体平台软件仅用于数据传输和硬件管理，包括某些硬体平台上的软件开发环境和相关代理程序。

（四）装置环境设计

新媒体艺术是一种综合性的艺术形式，优秀的设计不仅要在技术上创新，整体的视觉效果也要独创性、美观性和足够的吸引力。这就要求新媒体艺术作品在展览中要有一个装置设计，且与主题相关的环境设计。例如一件以人类健康为主题的医学新媒体艺术作品（图 2-2），它的整个外观都被设计成管状，就像人体的肠道一样，所有的作品都呈连锁分布，而且这种设计不仅能很好地照亮作品的主题，够有意思，而且起到空间设计的作用，可以分散人们的注意力。

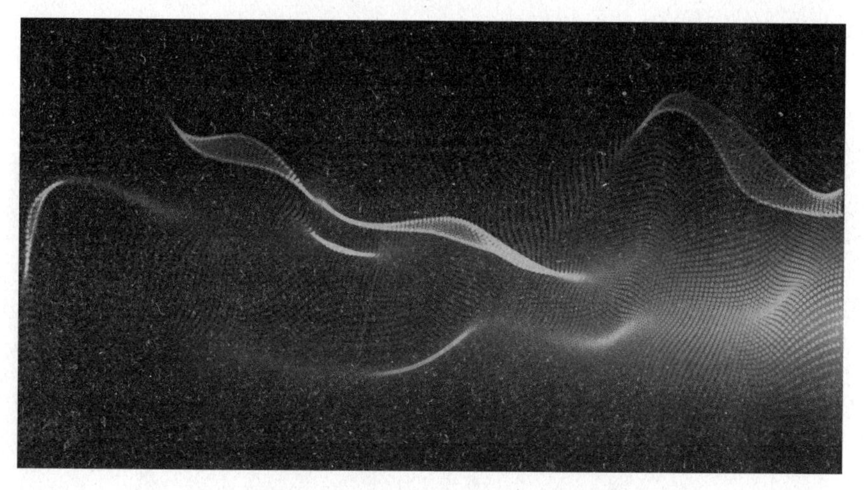

图 2-2　新媒体艺术作品（局部）

三、信息传递流程

硬平台界面由于所采用的技术类型较多,在创建时很难完全复制统一的模板,但通过挖掘硬平台设计的本质,发现交互式硬平台界面的设计解决了信息传输路径的问题。因此,信息传递过程的研究是硬平台设计的核心问题,一般来说,硬信息传递平台有以下三个阶段。

(1)收集外部信息并将其转换为数字信号。

(2)对数字信号的处理和传输到计算机。

(3)计算机界面接收信息传输到软信息处理平台。

在硬平台的设计上,主要是遵循信息传递的过程来完成对虚拟世界的真实世界控制。同时,这一过程也是可逆的,软平台将信息指令发送到计算机界面,信息进行分析处理,再传输到外部机电设备,如驱动电机可以实现虚拟世界管理的目标。

第二节　交互设计的认知心理学基础

一、关于认知心理学

20世纪50年代和60年代是世界心理学发展史上意义重大的时代。在现代信息科学(计算机科学、控制论和系统论)和语言学中,由于心理学在学术界占据了半个世纪的主导地位,认知心理学进入了一个新的时代(图2-3)。现代认知心理学致力于人类感知,它研究人类感知的内在结构和过程。作为一种新的研究范式,它继承并取代了行为方法,迅速应用于心理学的各个领域,如实验心理学、发展心理学、教育心理学、心理测量学、社会心理学等。

图 2-3　认知心理(概念图设计)

认知心理学是一般认知科学的重要组成部分。它与语言学、逻辑学、人类学、神经科学和计算机科学密切相关。它重视实验手段的应用和认知模型的建立。几十年来,在研究智力的本质、揭示认知的微观结构和过程方面取得了显著进展。随着计算机科学和人工智能研究的发展,人们越来越多地将人脑比作计算机,计算机科学中的大量术语已经进入心理研究领域。人们可以利用存储库,缓冲认知心理学不仅探索感知、现象、创造力、事件处理、沟通和思维等科目,如更高的心理认知过程,还可以重新处理外部或内部信息。

二、交互设计中的认知心理学

对于刚接触软件的新用户来说,面对各种图纸和多种界面元素,要在短时间内学习所有的界面操作,在界面设计中必须考虑到人的感知、认知特征和操作过程(图 2-4)。因此,用户界面设计必然包括人的认知心理学,将认知心理学的研究作为用户界面设计的基础,机器语言转换成人容易接受的图案和语言符号,并根据人的审美和操作习惯,使新用户快速熟悉界面,方便系统功能的执行。

认知心理学是人类认知心理学的研究课题,这里研究的不仅是人的生理特征,还包括人的社会属性,因此认知心理学既研究对人的生理、心理和环境影响,也研究文化影响以及人的审美和价值观的要求和变化。认知心理学是一种信息处理方法,研究一个人的认知过程。例如一个人如何通过听觉、视觉和触觉感知来获取和理解外部信息,以及大脑如何进行各种心理活动和认知过程,如记忆、联想和推理。这种认知过程是用户界面设计师关注和理解的基础,将认知心理学运用到界面设计中,提高用户对界面和系统的友谊水平,增强人与系统之间的自然交流,使所有界面和系统更加温暖和谐。

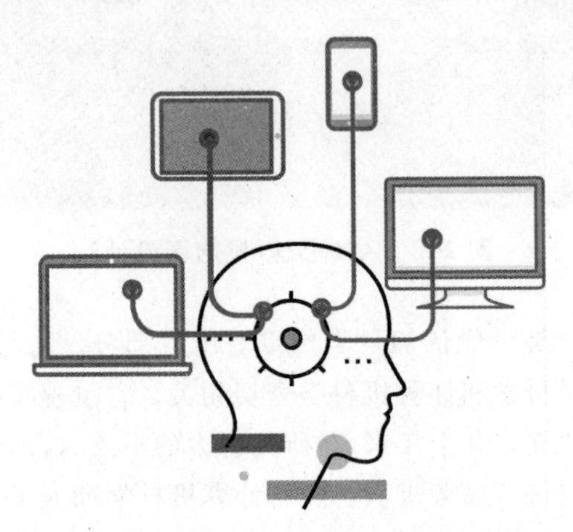

图 2-4　交互设计中的认知心理(概念图)

良好的交互设计,符合人们的使用习惯和尊重人的价值。在设计过程中,为了实现良好的交互作用,设计人员必须理解和考虑人类行为的因素,分析它们之间的关系,并根据这些因素进行设计,从而建立一个适合用户的行为模型。心理和人的行为是心理学的研究对象,因此在交互过程中,运用心理学学科相关知识,科学地分析人的行为具有特殊的发展意义。

从学科类型看,认知心理学属于理论学科,交互设计属于实践学科。理论研究可以提出相互作用的原理或方法,如心理模型(Mental model)、感知/映射(Mapping)、隐喻(Metaphor)和操作暗示(Affordance)等。例如,苹果 iMac 的 TimeMachine(图 2-5)数据备份和恢复界面采用深星形和三维时间轴,用户可以自动期望该软件轻松快速地备份或恢复数据,以达到软件的预期效果。这也是一种更人性化的行动方式,在下一段时间的 Time Machine 窗口中显示当前页面所在的时间,也可以在右边的时区看到。

图 2-5　Time Machine

从一定意义上说，所有项目都是交互设计，所有项目都是探索经验，设计各种服务。每个从事开发的人都应该有开放的思维和灵活的视角。设计的首要问题始终是如何创造，如何满足人的物质和精神需求，不断促进人类的向前发展。

学习认知心理学，我们必须从"人"的角度进行用户界面设计。不同的人对使用电脑有不同程度的熟悉，有刚接触到新电脑的，也有经常使用电脑的专业用户；在不同的工作领域，使用电脑的要求和功能各不相同，因此必须在"以人为本"的基础上，针对不同的用户群体进行用户调查，使开发人员了解用户的行为模式。用户调查设计包括：通过用户界面反馈后了解界面设计是否符合用户的思维和行为；符合用户意图和认知心理学；界面操作简单，不易出错；用户在使用界面时是否感到身体不平衡和压力很大。建立用户调查所得信息的用户模型，描述用户的功能特征，包括用户行动过程的特征和操作的心理特征。用户模型是用户界面评价的基础、基本思想和标准。

第三节　交互设计的过程方法基础

一、以用户为中心的设计

用户中心设计(User Centered Design,UCD)意味着在设计过程中,设计师必须面向用户体验,并强调首选的设计风格。简而言之,在设计、开发和维护交互产品时,我们从消费者的需求和感受开始,而不是交互产品的适应性。基本思想是用户最了解他们需要什么样的交互产品或服务,用户知道他们的需求和偏好,设计师根据用户的需求和偏好就设计什么。由于开发人员本身不能取代他们的用户,他们的参与应该有助于实现他们的目标。丹·萨弗在《交互设计手册》中指出,以用户为中心的设计背后的理念是,用户知道什么是最好的,使用交互产品的人知道他们的需求、目标和喜好,设计师必须识别和设计这些因素。因此,其中一些可以被视为用户和设计师的共同创造。

(一)了解用户

"了解你的用户"原则在设计或人机交互领域得到了广泛的认可。因为设计师只有在深入了解用户之后才能为他们设计合理的交互产品。设计者忽视提供用户的优质服务将是一种危险的现象,所设计的作品将非常糟糕。以用户为中心的设计旨在克服软件开发中的缺陷。事实上,由于考虑到软件使用者的需要和能力,软件的可用性和可理解性有所提高。

以用户为中心的设计要求设计者对用户要达到的最终目标有深刻的理解,并要求用户在理想状态下参与设计过程的每个阶段。在项目开始时,设计者必须分析交互产品是否符合用户需求及其价值。在后续交互产品设计开发过程中,应以用户研究和相关数据分析为决策依据。用户对交互产品的反馈应在交互产品的各个阶段成为进行评估的依据。

同时,用户可以与设计人员一起参与测试样机的开发,分析存在的问题并制定改进措施。

1. 用户的组成

从一定程度上说,用户是使用交互产品或被服务的人,我们可以从以下两个方面对用户进行了解。

(1)用户是交互产品用户或服务用户。交互产品的用户可以是现在的或失去的,也可以是需要开发的潜在用户。这些用户在使用交互产品时的行为与交互产品特性密切相关。例如,对目标交互产品的认识、目标交互产品预期完成的功能、使用目标交互产品所需的基本技能、未来使用目标交互产品的时间和频率。

(2)设计师也是用户。设计师本身不能代替用户,但可以作为用户参与设计。因为无论设计者在交互产品中占据什么位置,无论设计者和普通用户在文化和使用体验层面上的差异如何,设计者首先是交互产品的用户,然后才是设计者。在设计过程中,设计师必须以真实用户的身份参与,其偏好不应转移到交互产品的开发中。

2. 用户的分类

人拥有复杂的情绪,用户的行为更复杂,每个用户的行为都不同于另一个用户。一个成功的交互产品不可能满足所有用户的需求,因此必须明确针对特定的用户类别,并适当地满足他们的需求。设计师应该考虑哪些用户类别的问题需要对用户进行分类。没有用户分类,交互产品就无法本地化,良好的用户分类可以让设计师知道哪些人适合哪种交互产品,哪些交互产品可以满足哪些用户。

在实践中,用户对其特性有大量的了解,用户之间特性的任何差异都可能导致不同用户对某一交互产品的使用方式不同。在此基础上,用户可分为四大类。

(1)种子用户。种子用户可以利用他们的影响力吸引更多的目标用户,他们是第一批帮助创造交互产品生产的用户。首先,用户不等于原始用户。种子用户有选择性标准,尽量选择最有影响力和最活跃的用户作为交互产品用户。最好的种子用户不仅经常使用交互产品,而且在生产交互产品的社区也很活跃,经常发表能激发与其他用户讨论和交互的帖子。其次,种子用户可以为交互产品开发人员提供相关的建议和指导,帮助交互产品不断提高性能和完善功能。拥有主人翁感的用户,是种子用户的最佳消费者。

(2)普通用户。普通用户是支持生产基地的用户,当交互产品发布时,普通用户会逐渐加入其中,他们的数量会逐渐增加。普通用户之所以加入,是因为这里有归属感、信息、知识等。普通用户直接带来的经济效益可能不大,但他们对交互产品的推广有更大的影响。

(3)主要用户。主要用户可以为交互产品分配资源(资源涵盖内容、交互产品新颖性、技术困难等多方面)。同时,主要用户可以直接或间接通过给予交互产品更广泛的支持来推广交互产品。因此,可以说主要用户可以帮助交互产品的发展,为开发者创造附加值。

(4)捣蛋用户。这些用户是交互产品用户,但对交互产品不满意,对服务提供者并无任何价值和好处,反而会产生一些负面代表用户,他们提出不合理要求并投诉,未能达到要求会误导其他用户并对交互产品产生负面影响。这在设计项目时应该避免,并慎重对待。

(二)以用户为中心的设计的流程

不同交互产品的开发过程各不相同,各有特点。设计活动是设计过程的基本要素。以用户为中心的设计有很多过程,但不同的设计过程有相似的基本概念,只是抽象层次不同。这一过程包括以下三个主要阶段。

1. 策略与用户分析

在此阶段,确定设计方向和交互产品的预期目标。第一,我们需要明确交互产品的目的,它可以解决什么问题,或者它将带来什么好处。第二,确定交互产品的目标用户,即用户研究,它是有关用户需求的数据和信息的来源。第三,确定用户、目标用户与一般群体不同的特征,如特定年龄、特定文化背景和生活方式。第四,数据收集和分析旨在确定用户对交互产品各个方面的预期结果。例如,期望的职能、工作方法、目标指标等。目标特性描述、需求收集和分析是 UCD 设计过程的基础。

2. 设计和评估

(1)对象模型化和评估

在对前一阶段的交互产品和用户进行了分析之后,迈出了开发用户模型的第一步。用户模型是基于用户对某一交互产品的认可,是交互产品概念的基础,其实质是解决交互产品设计过程中"什么"(概念模型)和"如何做"(过程模型)的问题。对象模型是将所有策略和用户分析的结果按所讨论的主题分组,通过各种图形方案描述其属性、行为和关系。

(2)视图设计

从大方向可以分为视图交互设计和视觉设计。交互设计包括页面框架设计、业务流程设计、信息内容设计、交互方法、信息架构设计等。

(3)原型开发

原型的设计主要是为了消除交互产品开发初期的不确定性,以及确定系统的哪个部分需要原型以及它希望从用户对原型的评估中得到什么。这一原型使设计更为具体,有助于澄清和消除这些不确定性,并普遍有助于通过原型有效降低项目风险。

(4)用户测试

向目标用户展示交互产品设计界面原型,获取用户对用户建模过程中出现的问题或交互产品推荐的反馈。它允许用户感受到交互产品界面的新颖性,操作的流畅性,功能满足用户的要求等。用户测试的优点是直接检测用户使用过程中出现的可用性问题;用户测试的缺点是成本高,时间长。

(5)专家评估

邀请相关领域的专家分析和评估交互产品,发现不足并改进措施。专家评审的优点是易于管理,需要大量时间,并识别更专业和更深层的问题;同行评审的缺点是专家不是用户,应该研究专家组的组成是否合适,因为专家组对这个问题有一定的主观倾向。

3. 执行和评价

在完成设计并将交互产品投放市场后,开始进行市场验证,但这并不是以用户为中心的设计过程的终点,仍然需要对交互产品进行跟踪。设计者可以创建一条热线,方便用户就交互产品中出现的问题提供反馈,以便在下次升级时进行改进。在这一阶段,可用性测试和用户调查证明特别有效。由于市场用户对交互产品的意见和反馈已经成为交互产品迭代的参考数据,因此有必要对数据进行相应的分析,并将信息系统化,以帮助下次开发更好的交互产品。

(三)以用户为中心的设计的常用方法

1. 定性研究

定性研究采用非概率抽样的方法,根据某一个研究目的去寻找具有某种特征的小样本人群去调研,通常用于制定假设或者确定研究中应该包括的变量,对于潜在的理由和动机求一个定性的理解。核心解决“为什么”的问题,对问题可以提供深入的解释,但是结论并不能涉及总体,探索、研究动机、帮助建立假设,过程为导向、以过程的可靠性来保障,注重现象体验,一般情况下使用归纳法的思维逻辑,注重研究对象的互动以解释现象的因果关系等等。最常见的是深度访谈、可用性测试等,4～6 个样本通常是经验样本量。

定性研究是一种使用多种数据收集方法,并要求对非数值数据进行解释的研究手段。定性研究的优点在于对个体和由具有共同身份的个体所组成的群体的理解和解释。它的另一个优点是为研究者提供数据,以形成和发展对某个现象的理论性理解。

(1)文献综述

通过对所在领域内的相关文献进行综述,我们就能对研究方向内的知识有更深入的了解。如果视野足够开阔,我们甚至有可能成为该领域的专家。然而,我们不是收集或创作自己的数据,而是要运用别人收集、记录、分析得出的既有数据。为此,我们需要透彻地了解所在领域内已有的发现,找到需要做进一步研究的方面,然后基于自己的发现来提出主张。这其中包括阅读相关的期刊论文、书籍、报纸杂志、官方网站,然后对所读内容写下自己的评论、反思和分析。我们的主张应该是理性的,是基于证据的。这样一个过程也就是通常所说的“找空白”。

(2)利益相关者访谈

一个集中、详细、简洁的利益相关者访谈,是开始树立承诺并收集有关网站设计项目知识的关键。它有助于做出正确的决定，避免最终的失望，并通过改变来创造正确的产品。设计师在这里的唯一工作是提出正确的问题、倾听、学习、适应和理解利益相关者的观点。这是最简单的方法，来避免未来缺点、缺乏沟通、创意障碍和修改的无尽循环。利益相关者的访谈有助于根据用户的需求、愿景和目标建立理解，同时以正确的目标和知识验证项目的利害关系。从组织的角度来看，这个过程肯定会使设计项目的其余部分顺利进行。

那么，那些正确的问题是什么？问题应该照本宣科还是保持对话的自然？一组精心设计的问题可以保证沟通顺畅，利益相关者访谈的过程具体化，并且应该在会议前做好准备。因此，现在我们了解了利益相关者访谈的重要性。

在利益相关者访谈期间提出的正确问题可以使我们建立清晰和建设性的工作关系。这些问题至关重要，但会随项目的变化而变化，可以根据项目进行设计。它们也随着利益相关者的回答而演变。

(3)主题专家访谈

专家应具有以下特征：①一般应有10年以上的专业经验，在某个产品领域的行为方面具有代表性，熟悉各种功能，能够全面熟悉地完成各种任务，能够用捷径完成任务。②具有计算机和任务的全局性知识，了解行业情况，了解该产品的发展历史，能够评价和检验该产品。③不仅熟悉一种产品，而且了解同类产品，能够进行横向比较，分析特长、缺点等情况。④具有某些操作经验，有创新能力，考虑过如何改进设计。

专家访谈的主要目的有两点：①使设计师能够尽快了解该行业全局情况，发展情况，了解用户需要，了解该产品的研发过程、设计过程和制造方面的情况及问题(如何入门、如何做事情，经验性的判断和结论，这个做法是否可行，大概会出现什么问题，有几分把握)；②使专家用户有丰富经验，掌握可用性方面的系统经验(全局性、评价性、预测性的问题)。

专家访谈的方法通常以创新为产品最终目的，多采用面对面访谈的方式；以开放性问题为主，以改进为产品最终目的，多采用度量问卷的方式，进行专家评价和检验。

在运用专家访谈法的时候，需要按照一定的步骤：接收任务书、制定访谈计划、预约受访者、正式访问、访问后的整理工作，记录存档、结果整理得出结论。

(4)客户访谈

客户访谈法:沉浸式观察＋导向访谈法(理解与个体相关的人的交互行为和习惯。)

情景调查:①设计师应该巧妙地引导访谈,利于捕捉和设计问题相关的数据,而不是用调查问卷提问回答,或者让访谈自由发挥。②人物假设模型。每个在人物模型假设中找出来的角色、行为变量、人口统计变量和环境变量都应该在4～6次访谈中进行探索。

(5)用户访谈

用户访谈包括现有用户和潜在用户。

①深度访谈

深度访谈属于定性研究,Minichiello等人对它的定义是,深度访谈是研究者和受访者之间有特定目的的对话,点在受访者提供对自己生活经验的感受,并用自己的话表达出来。Taylor & Bogdan(1984)则认为,深度访谈是访谈者和受访者面对面谈话,以了解受访者用自己的语言表达和提供的对自己的生活、经验或情境的观点,作为一种非引导式的谈话,其中访谈者的观点是毫不重要的。

总而言之,深度访谈首先是一种社会互动过程,是访谈者为了获取受访者的动机、态度、行为、想法、需要等而进行的信息获取方式。通常来说深度访谈是面对面的交流,但如果距离受访者较远,或者条件限制也可以以电话或者视频形式进行。

深度访谈是用户研究中常用的方法及基础工具,可以和许多研究方法结合,可以说它是万能的访谈。

②焦点小组座谈

优:善于收集人们愿意购买的产品方面信息,有助于测定产品外观以及工业设计等产品形式。

劣:不善于收集用户使用产品做什么,如何使用产品,为何这么使用产品。

(6)用户观察

大多数用户不能准确评估自己的行为,尤其是行为脱离了人类活动范围时。在产品设计中,通过有效的观察可以帮助设计者更好地理解用户情境、目标以及任务,在不同的阶段,可以高效支撑并完成任务。

在产品设计的任何阶段,观察都是一种有用的数据收集技术。设计早期,通过观察帮助设计者理解用户情境、目标、任务,而在评估或开发阶段，则可以用来研究原型是否高效支撑完成任务。

在定性研究中，先进行预观察，将所观察到的行为进行编码加以分类，在正式观察中，根据明确的观察因素，对观察的现象进行等级预设，可以采集到清晰明确的数据，非常有利于进行定量分析，以减少研究者主观差异上的偏差。这通常用于改良性设计。

(7)竞品分析

竞品分析的对象一般是和自家产品存在直接/间接竞争，或者用户人群、产品定位和功能存在重叠的产品。

作为交互设计师，我们研究竞品分析时需要从产品概况、功能、流程和交互等方面进行全方位的分析，并从竞品中得到对应的启发，将其复用到我们自家的产品中，这也是竞品分析的意义所在。

做竞品分析可以快速了解行业头部产品的设计情况。我们选取竞品分析的对象一般都是同行业主流的产品。这些产品对目标用户的认知和使用习惯已经培养起来了，这时候我们分析竞品，可以减少我们设计失误的风险。

正所谓知己知彼百战不殆。做竞品分析有助于产品经理和设计师更好的跟进和学习。

目前网上的大部分竞品分析主要都做得大而空，好多都是偏行业分析，对于交互设计师而言，看完之后无法得到有用的信息。同时对于交互设计而言，帮助意义不大。

做适合交互设计师的竞品分析，应主要站在交互的角度来做竞品分析。

首先需要弄清竞品的基本情况。例如产品的定义、产品的主要使用场景和产品的目标人群等。这些大前提了解后，那么对于之后的分析才能保证有全局感，避免因为不了解竞品的定位和目标人群导致分析错误。

其次是分析竞品的主要功能和主流程操作有哪些，这些是竞品的核心部分。分析竞品的哪些功能和流程做得好，这些流程和功能是否也符合自家产品的定位和目标人群，能否从这些竞品功能和流程中得到启示。

再次就是竞品的使用体验，使用体验的好坏，直接与产品的留存率挂钩，用户的使用体验越好，则产品的留存率越高，产品的用户增长会越快。

最后就是交互体验,分析竞品在交互方面的优缺点,通过痛点找到其机会点,并运用到自身产品上。

(8)情境模拟法

情景模拟法是美国心理学家茨霍恩等首先提出的。情景模拟测试是人才测评中应用较广的一种方法,它主要测试应试者的各种实际能力。

所谓情景模拟是指根据被试者可能承担的职能,设计一个与该职能实际情况相似的测试项目,将被试者安排在模拟的、逼真的工作环境中,要求被试者处理可能出现的各种问题,用多种方法来测评其心理素质、潜在能力的一系列方法。它是一种行为测试手段。由于这类测试中应试者往往是针对一旦受聘可能从事的工作做文章,所以也被称为“实地”(Intray)测试。

情景模拟测试是指设置一定的模拟情况,要求被测试者扮演某一角色并进入角色情景中,去处理各种事务及各种问题和矛盾。测试者通过对被测试者在情景中所表现出来的行为,进行观察和记录,以测评其素质潜能,或看其是否能适应或胜任工作。

(9)卡片分类

卡片分类(Card sorting)是一种在互联网上规划和开发商品或软件信息系统的方法。它经常用于与导航或信息架构相关的项目中。导航中的地图分类的主要目的是对项目进行逻辑分类。

卡片分类是信息架构师推广开来的技术,有助于理解用户组织信息和概念的方式。现有数据基本确定,需要找出和用户诉求相匹配的内容交互/产品经理的想法会过于主观,需要权衡多人的意见才能做出决定,需要发现各个内容间是否有隐藏的逻辑关系而进行卡片分类,就如一种生成方法,可以让产品设计者知道用户是如何看待/操作/思考我们的产品的,从而更加深入地了解用户的心智模型。而且相对于可用性测试、焦点小组等分析方法来说,卡片分类成本更低、更有灵活性,非常适合小需求、小组织/个人对需求的分析与验证。

做任何事情都是带有目的,卡片分类也不例外,此次分析也是围绕以下几点进行的:①C类用户会对哪些内容感兴趣?②不同用户之间是否有共同点③这些内容是否适合实际的场景?④用户是否有看不懂的内容?

2. 定量研究

定量研究是指将数据定量去表示，并通过统计分析，将结果从样本推广到研究到总体的一个过程。其核心解决“是什么”的问题，对于结果可以涉及整体，总结性的验证假设，以最终目标为导向、数据来保障，非常注重实证、对于事物可以量化的部分进行测量和分析，以此来检验研究者关于该事物的某些理论假设的研究方法。定量研究最常见的就是问卷调研了，最小的样本基础量是30个。

定量研究中的结论或基于实验，或基于客观系统化的观察和统计。因此，这类研究常常被视为是“独立”于研究者的，因为它依据的是对现实的客观测量，而非研究人员的个人阐释。定性研究是用于构建新理论的深度研究，定量研究则与此不同，主要用于简化和归纳事物，描述特定现象，以及找出“因果关系”。①

(1)调查法

调查是统计学研究中最为人所知的形式，而且有可能是定量研究中最被广泛使用的形式。调查的目的是为了记录人们的特征、观点、态度或以往经验。这类研究向某一特定人群提出一些问题，以此来获取信息，然后将他们的回答以结构化和系统的顺序组织起来。调查的设计貌似简单，但实际上，要正确地完成调查需要研究人员具备渊博的知识。不过，一个研究人员虽不可能对整个人群进行调查，却能利用精心挑选的样本来进行有效的调查。

①问卷

调查(问卷)是一种社会调查的数据收集工具，用户在网上或以纸质形式填写问卷，以获取用户对交互产品的反馈，研究他们对交互产品的态度、行为特征和意见，然后用户填写问卷，研究人员提取分析结果。

在编制问卷时，有两点需要澄清：(1)研究主题是什么？(2)问卷可提供哪些资料？

值得注意的是，请注意问卷的设计，尤其是易读性、排版、色彩。问卷如果看来美观又专业，就能吸引更多的参与者作答。

---

① (澳)乔科·穆拉托夫斯基．给设计师的研究指南[M]．上海：同济大学出版社，2020．

②电话

电话访谈所耗的时间和金钱会少很多(因为不需要出差了)。如果使用 Skype,进行电话访谈的开支就会大幅减少,因为不需要打昂贵的长途电话了。这类访谈的答复率也许没有面对面访谈那么高,但相对于发问卷邮件还是要高很多的。其不足之处在于,研究人员无法像进行面对面访谈那样与参与者建立起融洽的关系。还有一点,就是样本本身也会失之偏颇,因为受访人如果没有电话或不能上网,就无法参与这类访谈。在有些情况下,调查的目标人群不涉及这个问题;但如果研究人员觉得这确实是个问题,就需要考虑其他的沟通方式,或者采取分发书面问卷的方式。面对面访谈和电话访谈还有一个共同的优点,就是可以在恰当的时候要求参与者对模棱两可的回答做进一步澄清。

(2)可用性测试

可用性测试(Usability Testing),也称为"使用测试",是研究用户体验的最常见方法。可用性测试是具有代表性的用户在使用交互产品时观察用户行为的典型操作,注意用户与交互产品之间的交互,更注重行为研究。交互产品可以是网站、软件或任何其他交互产品。适用性测试可能是最早、最不可靠的测试原型,也可能是最终交互产品测试的后期。

可用性测试分为资源准备、任务开发、用户招牌、执行检查、报告五个过程。

(3)A/B 测试

A/B 测试是一种非常常见的用户研究方法,不仅用于 UX 设计,还用于营销。它需要两种可能的选择,并向我们展示用户做出的选择。A/B testing 的范围非常广泛,可以从按钮的颜色到整个产品的架构与组成。

如果我们在两个或者多个选择之间陷入困境,那么 A/B 测试可以帮助我们做出明智的决定。它的工作原理是通过向相同数量的用户展示每个版本,然后分析哪种选择更能实现我们的预期目标。

(4)眼动仪研究

眼动仪研究简单地说就是做眼动实验,研究视觉的移动轨迹,结合其他变量对比和分析用户关注点的变化。

眼动仪研究主要收集的是停留时间、视线访问次数、视线轨迹、瞳孔大小、眼球运动速度、扫视路径等参数。再配合定性和定量数据分析,更真实的还原用户的认知和操作行为。

通过对用户视线的浏览轨迹(轨迹图)、停留时间(热点图)等方面的比较,利用定性定量的分析方法,发现用户的浏览习惯和产品的问题。

眼动仪主要是在传统的实验室中进行。一般是由一间类似于办公室的区域和一面单向玻璃的可监视房间组成。必须保障实验室环境是一个安静的空间,测试的用户能够全神贯注于任务的执行。

眼动研究,不仅涉及用户体验和交互研究,还涉及市场研究与消费者调研(包装设计、购物行为、广告研究)、婴幼儿研究、心理学和神经科学等方面。

眼动仪的价格几万至几十万不等,根据功能和准确程度有较大差异。

(四)以用户为中心的用户体验

1. 需求挖掘

在我们体验设计工作中扮演着指引工作方向的重大作用。体验设计工作也是同样的道理,需要我们尽可能地去接触到真实的一手需求,而不是被动的等待多个环节的需求传达。因为在需求传达的过程中,每个人对需求的理解也会失真。这要求体验设计师必须具备职业的敏感度,多渠道接触了解需求并进一步挖掘,从而提出解决方法。

(1)痛点

痛点是恐惧。在客户营销学中,消费者的痛点是指消费者在体验产品或服务过程中原本的期望没有得到满足而造成的心理落差或不满,这种不满最终在消费者心智模式中形成负面情绪爆发,让消费者感觉到痛。不同的人理解的痛点本身就是不同的,没有统一的标准,如果从用户使用的角度出发,即产品没有很好地满足用户的需求,欲求不满。但产品首先需要定义清楚是不是问题,要不要解决,最后才是如何解决。

要不要解决又可以分为两部分。

①对于用户来说,要不要解决,主要是用户的意愿与能力。

②对于我们来说,要不要解决,主要是问题的频次、大小与性价比。

综合这几方面来看,我们可以从这几个问题来定义下能否构成痛点。

①是不是问题。

②频次、大小(问题本身、用户群体)如何。

③是否当下迫切需要解决。

第一个问题是为了避免掉入伪需求的坑,后面则是辅助辨别痛点本身是否足够痛。

(2)痒点

痒点是满足人的虚拟自我,就是想象中那个理想的自己。冬奥会让"冰墩墩"抢购一空,人们争相到滑雪场打卡。这是痛点吗?是爽点吗?好像都不是。这些网红产品里既没有体现恐惧,也没有体现即时满足。网红产品靠的是痒点,为我们营造了虚拟自我的生活,是大家理想生活的映射。我们购买网红的东西或者到网红地点打卡,心理上部分实现了自己的虚拟自我。穿上谷爱凌同款的衣服,到滑雪场大跳台摆拍一下发朋友圈,就会觉得自己部分的过上了谷爱凌的生活。这就是一种虚拟自我的实现。痒点的价值不一定就比痛点小,不在同一个场景、语境下,它俩没有办法直接进行比较,另外还会受到频次、用户群体大小的影响。比如抖音出来之前,我们真的需要这样一款产品么,它目前的量级也是绝大多数产品无法企及的。

(3)爽点

爽点是即时满足,在特定的场景下,因欲求不满会引发某些行动,满足了就很爽,然后强化认知,追求更爽。人在满足时的状态叫愉悦,人不被满足就会难受,就会开始寻找让自己不难受的方式,如果能立刻得到满足,这种感觉就是爽。当我们饿了的时候,打开手机叫外卖,吃的就会送到家里;当我们想要吃水果、买蔬菜或者生鲜的时候,打开手机通过每日优鲜或者盒马生鲜,2 小时内就可以送到家;当我们在京东上买一本书的时候,上午下单,下午就可以送到。这些产品成功的逻辑里面都包含了即时满足的爽。

综上所述,在交互设计中,通过自己的努力,不断的达成设计目标,我们能清楚地看到自己努力的价值,目标达到之后,我们会很兴奋,然后下一个目标就又出现了,我们就开始了新一轮的循环。

①目标+及时反馈+满足感刺激着我们不断地释放着多巴胺。

②再加上边际效用递减,想要同样程度的"爽",只能追求更强的刺激。

③然后不断地进行循环,也就是上瘾。

不管是痛点,还是痒点,只要能不断地进行上面的循环,用户都是在更高频的使用产品,也就更接近于上瘾。再加上使用收益递增和离开成本递增，用户其实是非常难离开的。交互设计也是一种产品交易，为了让交易能够持续发生，我们了解到要有这两个前提。

①对现状不满，预期达到另一种状态会更好。

②预期收益＞预期成本。

当两个条件都满足的时候，交易才可能发生，对现状不满就是上文中提到的解决痛点＋满足痒点＝爽点。当这个交易频繁发生的时候，用户也就越离不开产品，产品也才会越有价值。

2. 用户画像作用及方法

交互设计之父 Alan Cooper 最早提出了用户画像（persona）的概念，认为“用户画像是真实用户的虚拟代表，是建立在一系列真实数据之上的目标用户模型”。

用户画像技术是通过分析用户的行为数据，为用户建立特征标签的，如性格偏好、行为习惯、职业特征等。画像数据面临着数据海量、高维、稀疏等一系列的困难，在应用中通常还需要满足准确性和实时性的要求。准确性即用户特征标签应与用户真实特点相符合，实时性即需要根据用户的行为数据对用户标签在容忍的时间限度内完成更新。

用户画像的构建方法如下。

(1)用户样本筛选。前期需要根据产品特性确定出产品目标用户群所具备的基本特点，然后才能让调研公司根据需求去搜集用户样本。以音乐软件的交互设计用户为例，我们需要限定年龄范围、城市分布、使用频次、使用时长、使用设备、收听习惯等等。最终确定一个用户样本范围。

(2)用户访谈。确定好范围之后，有针对性地挑选用户做访谈，数量不一定要多，但是要尽可能地涵盖不同的性格类型。

访谈中需要注意的是：尽量不要问用户封闭式问题和带有引导性的问题，并且注意不要忽略产品相关的问题。将用户的习惯与对你们产品的意见结合，那得出的结论是非常有效的。

(3)构建画像。这一步将收集到的信息进行整理和分析并归类，创建用户角色框架（更全面地反映出用户的状态），然后根据产品侧重点提取出来，进行用户评估分级，并结合用户规模、用户价值和使用频率来划分，确定主要用户、次要用户和潜在用户。

这就是构建用户画像的步骤,最后我们可以根据这个进行用户评估、精细化运营和分类运营等,做有针对性的运营,提高运营效率。

3. 场景设计与故事版

(1)场景设计

交互设计中的场景设计主要包括需求场景、环境场景、手机场景。需求场景是用户内心的诉求,为设计提供正向的设计依据;环境场景和手机场景则是一些外界的限制,需要设计去帮助克服。

①需求场景。需求来源于用户在现实生活中遇见的问题,用户需要一种有效解决问题的措施,这个措施就是交互设计提供的方案。可以把需求当作一个场景。而且,这个场景牵扯到的是设计需要解决的最核心的问题,这个场景决定了交互设计大致的界面元素、界面布局以及流程框架。

②环境场景。场景的第二部分归结为环境场景,环境场景包括用户使用应用时的时空状态以及人体的肢体动作状态。如果说需求场景把用户的使用环境进行了抽象,那么环境场景就是把当时抽象掉的一些东西还原回来。

③手机场景。手机场景是指使用应用时,手机运行的状态。

(2)故事版

交互设计调研结束后,调研者需要将调研结果整合反馈,但如果单纯以文字的形式去呈现这些内容,通常无法将设计信息最大化的传达,影响最终设计方案的形成。所以,为了更准确地解决设计问题,就需要故事版。故事版可看作代表镜头的插画。设计者在设计时最好把图像排列在起始处,将自己的设计以故事化形象表现出来。

在交互设计的初期 Define 阶段中,设计者需要建立 Persona 去说明目标用户的背景以及需求,从而从侧面阐述设计问题。传统的 Persona 都是以文字的形式来呈现,当建立背景较为复杂的 Persona 时,可以利用故事版来传达更为丰富的信息。在设计后期的 Deliver 阶段,灵活运用故事版还可以向用户清晰明确地解释产品的使用方法和流程,以及环境、产品、用户、交互形式等的问题。

下面从故事版的三大基本要素入手,为大家讲解绘制时的注意事项以及具体绘制步骤。

①基本要素

a. 人物。如同每部电影都有男女主角一样，每一个故事版中都应当有一个具体的人物，该人物贯穿整个故事，推动故事的发展。其中，具体人物的行为、外表和期望以及他在每一个场景和时间段里所做出的任何决定都是非常重要的。所以想要在作品集中，展示用户的需求和痛点问题，通过故事版直观展示人物当下的所思所想是必不可少的。

b. 情景。众所周知，每个故事人物都不是独立存在的。设计者在绘制故事版时，需要给人物创造一定的环境，通过某一个地方或者某一类人从侧面烘托主要人物。

c. 情节。有了人物和环境，情节便是串联其二者之间的故事线。在故事版里，一般不需要耗费大量精力去介绍背景以及铺垫，所以故事版的结构较为清晰易懂，通常只包含简单的开头、叙述、结尾。且叙述的重点围绕人物展开。一般来说，情节部分从某个特定的触发点开始，然后以人物遗留下的问题或者解决的优化方案而结束。结束的形式取决于大家绘制故事版的目标是前期介绍用户痛点还是后期阐述产品使用过程。

②注意事项

为了可以将自己的设计想法更好地表达出来，大家在绘制故事版时还需要注意以下三点。

a. 真实化。在绘制故事版时，设计者要让人物、目的以及人物经历尽可能地自然化展现。在真实的环境中，把焦点放在真实的人身上，用户会更容易产生共鸣，从而更清晰理解故事版所要传达的信息。

b. 简单化。大家在绘制时，为了让故事变得更饱满，会不自觉添加很多不必要的情节，如一些句子、图片或者情节设计。事实上，很多情节添加到故事版中，反而起到画蛇添足的反作用。所以设计者在创作时，可以整体看一下，情节如果没有为整个故事增加价值，就可以果断删除。

c. 情感化。同之前所说，在故事版中，人物是中心，所以设计者在绘制时，要注意反映人物当下的所思所想，在人物的经历中展现其性格和情感状态，与用户产生情感共鸣。

4. 信息构架

信息架构设计是对信息进行结构、组织方式以及归类的设计，好让使用者与用户容易使用与理解的一项艺术与科学。在具象上,交互设计是在做用户界面的操作、对信息的获取;在抽象上,信息架构就是在分析、设计用户与信息/内容/服务……的关系。这里涉及三个元素:用户、信息、用户到信息之间的路径。

考虑复杂的多路径,设计整体的信息架构,当我们在思考用户与信息之间的多路径时,就是在思考导航和架构。比如网易云,在用户到音乐之间的路径很多:主动搜索、识别音乐、按分类找歌、按歌手找歌、找新歌、被动地听官方推荐的歌、用户分享的歌、按口味个性推荐的歌等等。根据这些路径的优先级和复杂程度,将相似的路径放在一起,优先级高的路径放在导航上更靠前的地方,这就是设计导航和架构的一个缩影。

(1)封闭式卡片分类

封闭式卡片分类法是指发起人预先设置好卡片分组,要求被调研者把所有卡片按照自己的理解放入预设好的分组下的分类方法。

封闭式卡片方法适合于产品已经预先确定了大的信息架构的情况下,或者发起人明确知道信息项应该属于哪些分组的情况下使用。封闭式方法的好处是目标明确,在验证自己的推论或设计的情况下,让分析结果的分类在和自己预设的分类相同的基础上再进行比较。

封闭式卡片方法最好预留一个“其他”分组,以防止用户在无法把某个信息项合理归入预设组时随意放置而导致影响样本准确性。

(2)开放式卡片分类

开放式卡片分类法是指不预设分组,让用户自行决定所有信息项应该有几个分组以及分别归属于哪些分组的分类方法。

开放式卡片分类法适合于那些发起人自己也不确定自己所有的信息项属于哪些分类群,且不确定到底应该有多少分类群簇的情况,这种分类法适合于产品尚处于筹划阶段,连功能点和业务范围也还没有确定的项目,这种分类法的分析结果一般不是用来做设计验证,而是用来作为产品信息架构参考,为设计产品信息架构打好基础。而这种分类方法的分析结果也往往能够带给发起者惊喜,发现隐藏在那些信息项之间隐蔽的逻辑关系。因为脱离了发起者预设分组的羁绊,被调研者往往能够更加关注卡片相互之间的逻辑关系。

(3)层级的深浅和宽窄

层级设计是在信息设计时,处理庞大信息量的常用方法。一次性不能展示所有信息，那么先展示一部分，再通过层级分类，把其他信息展示在下一层级。大家都有逛商场的经验，有些商场用户很容易就能找到相关产品，有些商场用户想找商品却不那么容易。在确定产品信息架构的时候，不免会考虑产品的深度和广度，就拿淘宝 App 和唯品会 App 举例，淘宝 App 属于广而深的架构，而唯品会 App 相对来说属于宽而浅的架构，在偏深度的架构中，较大的深度，使得信息树变窄，界面显得有重点、组织关系清晰。但由于用户不能通过一级导航获得所有组织关系，点击和寻找的难度加大。在偏广度的架构中，较大的宽度，使得信息树变浅，可以将信息明确显示在界面上，用户可以减少点击次数，但容易使一级导航承载的信息过多，用户不容易发现重点及内在组织关系。

在层级架构中，我们要注意层级的深浅和宽窄问题。在进行产品架构的设计时，考虑产品架构的深度和广度是不可避免的，宽而浅和窄而深的架构是最基本的两种层次结构，从这两种基本架构又可以演变出来其他的层次结构，如广而深、窄而浅等。比如：手机淘宝就是广而深，而唯品会等垂直电商则采用窄而浅的结构。

在偏向深度的产品架构中，用户的操作效率并不高，用户获取信息、完成任务目标的路径变多，但是减少了用户选择的入口。相反，在偏向广度的产品架构中，用户所面对的入口增多，选择入口时会比较费时，但是减少了用户的操作、使用路径。

两种产品架构各有优势和劣势，具体使用哪一种产品架构，需要结合自身产品的定位、业务逻辑、用户特征和使用场景进行决策。

二、以活动为中心的设计

以活动为中心的设计（ACD）不关注“用户”，而是关注用户应该做的“事务”或“用户活动”，这样开发者可以关注现实并更好地适应复杂的设计。活动中心的“活动”是指达到某一目标的过程、人的基本行为、工具的使用、对象、环境等。最终，设计方法包括两个主要方面。一是研究人的因素，包括身体和心理，环境和其他对人的影响，以及文化、审美、价值观等。二是研究技术的发展和突破对人类生活感知可能产生的影响，以及人与技术应如何协调，使技术进步带来的巨大变化更好地为人类服务。因此，每个人都应该努力学习和掌握能够促进交互设计的技术。从设计师的角度来看,以用户为中心的设计,考虑到用户的内在需求和心理生理能力是很重要的,但也必须尝试应用新技术来设计方便的交互产品。

(一)以活动为中心的设计的原则

交互产品的使用和生产是物与人之间的联系,表现为完成相应的任务。用户对交互产品操作、认知和感官价值的理解依赖于对客观行为的观察。如何控制用户行为,如何专注于活动,以下设计原则作为参考。

1. 合乎人的尺度

人是交互产品交互过程中的主体和认知主体,满足人的需求是第一位的。交互产品是否方便使用并满足人体需求,主要影响因素是硬件尺寸和人体性能参数的对齐。这部分研究主要基于人机工程学的理论支持,人机工程学是影响用户行为的关键因素。

2. 考虑人的情绪因素

如果说"人的尺度"是指对人的生理结构的满足,那么对人的情绪因素的满足主要是从对交互产品的心理感知的角度来考虑的。情绪通常与一个人在使用交互产品时要达到的目标没有直接关系,但情绪的变化会影响人们使用交互产品的行为。情绪影响人们的决策,可以控制身体肌肉,大脑工作模式的化学神经退行性变化,从而影响行为。情绪可以相互传递,情绪会反映在脸上,影响他人的情绪和行为。

诺曼在《情感设计》一书中说,具有审美的物品是最好用的,这是因为美丽的事物会让人们感觉良好,这种良好的感觉使他们的思考更有创造性。美可以通过影响人们的情绪来影响人们的行为,但人们的情绪受到许多因素的影响,包括天气、光线、温度、音乐和其他因素。举例来说,在一个红酒销售门店中,播放音乐或播放不同种类的音乐对购买红酒的人数影响不大,但对购买红酒的质量却有重大影响,而播放爵士乐则可以引起人们购买更好品质的酒,这可以增加销售利润。

3. 斟酌用户习惯

用户习惯是一种持续的用户行为，涉及用户和交互产品的交互和适应。对于用户习惯问题，应从两个方面加以考虑：一方面尊重和重视“用户习惯”具有一定的合法性；另一方面，“用户习惯”并不总是合理的，可能需要颠覆性的开发才能成功。

(1)尊重用户习惯

习惯是一种自发的行为，是在一个较长的有意识的重复过程中形成的。交互产品的出现并不是自成一体的，用户接触新交互产品已经养成了很多使用习惯，因此在设计新交互产品时必须考虑到交互产品的操作必须符合用户的习惯，这样做会大大降低作为快速用户的理解力。

总之，必须尊重用户的思维和习惯。例如，所有的手机应用程序窗口基本都是左上角的“返回”按钮和右上角的“共享”按钮，因此如果用户想返回或共享，它会下意识地点击相应的按钮，而不需要考虑。一些常用的图标有着普遍接受的含义，如小五角展示收藏、三角形展示播放、向下箭头下载等。其他设计要尊重用户这些根深蒂固的习惯，不能用三角形来表示收藏，方形来表示播放等。

(2)打破用户习惯

“在任何情况下都不应与用户交战”这句话不应打乱用户的习惯，虽然过于武断，但它表明了用户习惯的重要性。设计师在设计过程中不能顺应用户的习惯，从而降低了用户对交互产品的兴趣，导致交互产品的缺失。因此，设计师可以在寻找和突出有趣交互产品的基础上，在有限程度上改变反映交互产品差异的用户习惯，从而为用户提供更独特、更深刻的体验。

今天，随着技术创新和互联网的快速发展，打破用户习惯可以生产出许多非常好的交互产品。例如，滴滴打车与传统道路拦车相比，通过技术改变了用户的习惯，成为优秀交互产品。支付和芯片支付是银行卡支付的创新，电子书与纸质书相比，可以改变阅读“环境”的突破。

在设计时，设计者是适合用户的习惯还是打破了以前的行为习惯？设计师要辩证思考，站在更高层次，立足商业目标、用户体验创新、科技创新等。同时，设计师必须坚持设计原则，让设计变得更美好，尊重用户的习惯和打破行为习惯可以创造一个更好的设计。

(3)人与技术的协调

以行动为导向的概念包括人们适应技术革新所带来的生活变化的需要。不应要求交互产品适应人类的生活条件,人们必须不断学习和掌握新技术,以刺激社会进步,而技术进步可以对人们的生活产生积极影响。因此,必须确保人与技术之间的协调和相互促进。

技术进步可以带来新的消费感觉。比如在连锁服装品牌门店看到一些衣服没有需要的尺码,可以先试别的尺码,然后可以打开服装品牌App购物橱窗,了解交互产品信息,网上购买。

(二)以活动为中心的设计

1. 了解用户需求

设计不能以“设计”代替“设计”,必须了解交互产品的特征,以满足用户的需求和交互产品本质的基本需求。了解用户需求,这将扩展设计师的设计思想,并实现思维的变化,从而产生许多意想不到的设计灵感。

例如,就好比设计花瓶,如果刚开始把它当做一个能放鲜花的容器来设计,设计师会得到不同的结果。这是因为,如果一开始就当花瓶设计,是为了获得一个不同类型的花瓶;而当成容器来设计后,设计思想也会改变,首先它必须是一个“容器”,然后它还是花瓶,那么这样设计出来的容器可能是一件艺术品。

2. 活动的完成需要适应技术

面向行动的方法,其核心是人与技术之间的协调问题,以及在执行相关任务时不仅仅是实现用户的愿望,还需要适应用户的需要。

用户必须逐渐适应新技术,设计师不仅要理解这一点,而且要有效地利用它。在许多情况下,用户必须首先学习工具和技术,然后才能开始设计。这是因为科学家们正在创造一种技术,设计师将其转化为用户订购的交互产品。例如,适应计算机用鼠标操纵、适应人工操纵的用户将随着技术的发展而改变他们的行为。很难证明触屏方法是人类交互的最佳方式,未来如果有新的技术,比如脑电技术,那么这一点可能会改变。

3. 设计可以引导活动更好的完成

面向活动的项目需要设计者分析和监视用户行为，然后根据用户的需求设计交互产品。此外，在面向活动的设计中，设计者必须在适当的时间和地点引导用户的行为以达到特定的目标。行为指导可以是消极的，也可以是积极的，它可以从身体和心理两个层面来理解，一般来说，它既包括抑制方法，也包括激励方法。

(1)抑制

生活中总有这样的情况，我们绝对搞不懂。比如拿出一捆钥匙，不知道哪个是需要的。类似的情况充分表明用户有选择，避免选择错误的最好方法就是给用户唯一的选择。因此，设计者可以通过抑制交互产品设计来引导用户正确管理。

(2)激励

从设计原则上讲，考虑到人的情感因素，这样用户就喜欢美观性的交互产品。交互产品的形状、色彩、材料，甚至声音和触觉等刺激都会刺激用户思考，以改变用户的行为方向，从而完成交互产品为实现目标而必须完成的任务。

三、系统设计

系统设计(Systems Design，简称 SD)是解决设计问题的一种理论性方法。它将由用户、交互产品、环境元素组成的系统，视为一个整体。设计师在设计时需要分析不同元素之间的关系和影响，并提出合理的开发方案。一个系统不一定意味着单指电脑，它可以由人、交互产品和环境组成，而且可以从一个非常简单的系统，到一个非常复杂的系统。系统方法是一种结构完善、准确、设计完善的方法，在处理复杂问题时特别有效，提供了共同的视野，便于进行共同的分析。

在以用户为中心的设计中，用户是整个设计过程的中心，在系统设计中，相关元素被评估为交互主体。在设计系统时，不会忽略用户的目标和需要。这些目标和需要可以作为系统的预先设定目标，在设计整个系统时，需要注意元素，特别是场景，而不只是个别用户的需求。值得注意的是，该系统设计完全兼容以用户为中心的设计方法，其核心是对用户目标的理解。该系统的设计是为了跟踪用户对场景的态度,以及他们与设备、其他人和自己的交互。

系统设计最强大的地方是它可以为设计师提供一个全面的研究项目的全景概述,该项目将专注于环境交互产品和服务,而不是单个设施或设备,通过对使用过程的关注,获得对交互产品或服务周围条件的更好理解。毕竟,没有一种交互产品是以真空的形式存在。

(一)系统设计主要研究的内容

在信息一触即发、知识密集的今天,衍生其知识体系和结构的内容,使交互产品形态成为一个特别复杂的复合体。因此在系统设计中,主要的研究内容是“人—机—环境”系统,简称“人机环境”。构成系统三个要素的人、机器和环境可以看作是相对独立的三个子系统,分别属于行为科学、技术科学和环境科学。在系统设计中强调应将系统视为一个整体,其部分属性与系统的一般属性不完全相同,具体条件取决于其组织结构和系统内的交互程度。因此,在进行研究时,既要研究人、机器和环境各子系统的性质,又要研究其系统的整个结构和属性。最终目标是使该系统在综合利用方面最有效。

因此可将系统设计主要研究的内容分为以下几个方面。

1. 人为因素

人为因素包括研究身体大小和机械参数。其中包括交互产品操作中的人类行为和空间活动范围,以及人体测量研究。生物力学和工作生理学领域研究人类的可操作性、操作速度和频率、动作准确性和耐力极限。人类感觉通道的接收、存储、记忆、传入、输出和生理限制属于认知心理学的范畴。人对工作的可靠性和适应性包括人在工作过程中的心理适应能力、心理反应机制以及在正常情况下出错的可能性和原因。这些都属于工作心理学和管理心理学的研究范围。总之,人的因素涵盖了广泛的学科,在交互产品设计中,科学合理地选择不同的参数是必要的。

2. 机器因素

机器因素包括信息显示和操作控制系统的设计。其主要是指机器接收者发出指令的各种装置，如操纵杆、转向盘、按键和按钮。这些设备的设计必须充分考虑到人们输出信息的能力。信息显示系统主要是指机器的接收者指令、传递嗅觉信息的各种显示设备等。无论机器如何向人们反馈信息，它都必须快速、准确和清晰，并充分考虑到人类感知通道的“容量”。另外还有一个安全保障系统，主要是指发生机器错误或人为错误时的安全措施和装置。它必须既包括人，也包括首先为人提供保护的机器，而且特种机器必须考虑救生装置。

3. 环境因素

(1)环境因素涉及面广，通常会考虑生理、心理和审美因素。

(2)物理环境——环境中的照明、噪声、温度、湿度和辐射。

(3)心理环境主要是指对工作空间的感觉，如建筑物的大小、机器的布局、道路交通等。

(4)审美因素，包括交互产品的形状、色彩、装饰和功能音乐。

(5)此外，它们还包括人际关系等社会条件对个人心理状态的影响。

4. 综合因素

综合因素主要考虑到交互与分工，又称机器的功能配置，必须充分考虑人机的特点和功能，从而避免误解，合理协调，充分发展系统的综合利用。人机要合理分工，机器承担繁重、快速、规律、单调和复杂的工作，人主要从事设计、管理、控制、故障排除和程序指令的执行等工作。

(二)系统设计的原则

设计方法所依据的原则大致相同，系统设计的原则主要体现在以下几个方面。

(1)先进性。先进性是指在交互产品设计上，整个软硬件系统的设计符合高新技术的新趋势，媒体数字化、压缩、减压、传输等关键设备处于国际先进技术水平。在执行当前功能的前提下，系统设计具有前瞻性,并在未来很长一段时间内保持一定的技术升级。

(2)安全性。安全是指系统地采取综合安全措施,包括预防病毒感染和黑客攻击,加强对雷击、过载、停电和人为破坏的保护,确保高水平的安全和保密。为确保设备和用户访问系统的安全,进行严格的访问认证。该系统支持核心设备、关键数据和关键软件模块的备份和冗余,提供可靠的错误覆盖和系统恢复,确保其长期正常运行。

(3)合理性。合理性是指在系统设计中充分考虑系统能力和功能的扩展,以便于其扩展和顺利升级。该系统更好地适应操作环境(硬件、软件操作系统等)。

(4)经济性。经济性是指在满足系统功能和运行要求的前提下,最大限度地降低系统建设成本,采用经济实用的技术和设备,利用现有设备和资源,综合考虑系统的建设、升级和维护成本。该系统兼容向后兼容、自下而上兼容、前后兼容和版本转换等功能。

(5)实用性。实用性意味着系统提供了清晰、简单、友好的中文人机界面,简单、灵活、使用方便、管理和维护方便。例如,具有公共安全样式界面和公共安全功能的客户端界面。为了快速解决突发事件,适用更高的时限,这可以通过公共安全网络领导的统一操作来实现。

(6)规范性。规范是指系统中使用的控制协议、解码协议、界面协议、媒体文件格式和信息传输协议符合公安部制定的国家标准、行业标准和技术规范。该系统具有良好的兼容性和可互换性。

(7)维护性。维护是指系统简单、实用、具有操作方便、维护方便的特点,系统具有专业化的管理终端,便于系统维护。并且系统具有自检、故障诊断和减少故障的功能,在发生故障时能及时、快速地进行自我维护。

(8)扩展性。扩展意味着该系统具有良好的I/O界面,可为GIS电子卡、移动性控制和智能识别等各种增值操作提供界面。同时,该系统可定制开发,以实现与国内公安系统的交互操作性。

(9)开放性。开放性是指系统按照开放性原则设计,能够支持各种硬件和网络系统,以及软件的二次开发。使用标准数据界面的系统具有与其他信息系统交换和共享数据的潜力。

第四节　交互设计的艺术基础

一、交互设计中的文字要素

几乎所有的界面交互产品都用在文本中，小到错误、警告、提示，大到项目描述、导航、标题等等。界面中的文本设计包括字体、字号、字距和行距的设计，这些设计影响了文本的可读性、易懂性和信息检索的易用性。

（一）字体

在数字交互产品交互界面设计中，通常使用以下类型的英文字体：

衬线字体（Serif）：最常见的衬线字体是 Times New Roman 字体、中文的宋体，其他还有 Palatino、Georgia 等。

无线条字体（Sans-Serif）：简单地说，没有装饰线条的字体，包括 Helvetica、Arial、Calibri、Verdana 以及中文中的黑体。

相同宽字体（Monospace）：每个字体的宽度相同，如 Courier、Courier New 等，宋体也是等宽字体之一。相同宽度字体的最大特点是能够轻松对齐左右字段边界，因此它曾经是使用最广泛的字体之一。

（二）字体的尺寸

字体尺寸是指字母的高度，可以用字号、磅数、点数（pt）等表示。其他 1 英寸（2.54cm）代表 72 个点；而屏幕上使用的字体也是用像素（PX）来衡量的。

早在 1963 年，廷克就在研究大、中、小文本的阅读效率时，得出了中尺度文本可读性（11pt，相当于中文第四和第五号）既小又好的结论。这项研究的结果仍然影响字体的选择，包括大多数数字媒体界面字号的选择。

值得注意的是,早在1980年,范德普拉(Vanderplah)对60岁至83岁的成年人进行了一项文字阅读测试,对适合老年人阅读的文字字体大小进行了研究,比较了使用多种字体对阅读效率的影响。其后的研究在一定程度上证实了这一点。例如Sorg公司在1958年与52名养老院常住居民面谈时,提出14pt比12pt更适合老年人;1994年,J. Hartle在他的综合研究中研究了18项相关研究,得出结论,大小在12到14pt之间的字适合老年人或视力下降的人。

数字交互产品最大的区别之一是,虽然通常交互产品会有标准设置,但用户可以在此基础上根据自己的意愿调整字体大小。由于使用者可能因年龄、视觉或光线环境等因素而对字号有不同的需求,因此提供一个方便的调节方式,亦是满足使用者不同需求的其中一种方法。例如现代的触摸屏式操作交互产品,用户可以简单地用手指放大或缩小界面,这样读者就可以很容易地适应易于阅读的尺度。此外,一些网站为用户提供了一种简化的减少字数的方法,以方便用户使用。

(三)字词间距、行间距和段间距

字词间距包括字母间距和词间距。字母间距是指两个字母之间的距离,它会影响浏览和理解的效率,特别是在字母型文本中。词间距是指字与字之间的距离,如中文词的间距。Web界面中的词间隔取决于网格,因此在设计中使用了默认系统。

行间距是指行与行之间的距离。对于拉丁文来说,一行文字的基线到它的上一行文字的基线的距离。①

段间距是指段与段之间的间距,它能提醒读者上一段的结尾和下一段的开头。

段与段之间存在着相对独立的联系,这种联系可能是不可避免的,而且与前一款没有那么密切的联系。合理的距离也可以适当地消除因阅读全文而产生的疲劳(图2-6)。

---

① 其中的基线是一条看不见的直线,大部分文字都位于这条线的上面。可以在同一段落中应用一个以上的行距量;但是,文字行中的最大行距值决定该行的行距值。

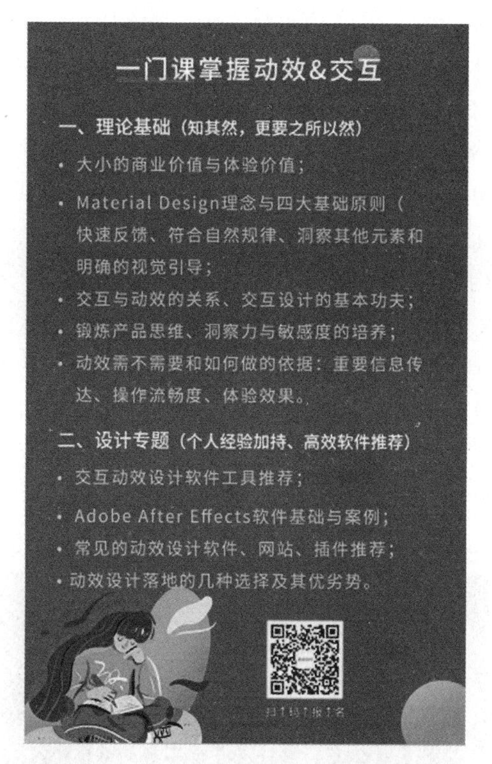

图 2-6　段与段之间的间距安排

(四)文字设计的基本原则

1. 可识别性和易读性

字体结构中有两个非常重要的概念:可识别性和易读性。

可识别性意味着词可以被识别,也易读,更多地集中在词或词的微观层面上,对它们区别的研究是基于理性的分析和试验结果,如动态识别、低光照、人弱视人群识别性等,结果可能相对客观。

易读性是词、短语和段落易于阅读,更容易在宏观层面上识别整个文本或其内容。

文本设计的清晰度是影响可读性的主要因素之一。字体、字号、字词间距和行间距都会影响可读性和易读性。在界面设计中,我们有更多关于文本可读性的参考。

(1)字体选择

虽然字体的选择取决于字体的性质和上下文,但在界面设计中哪种字体可能更容易被识别的研究和讨论一直没有停止。

总的来说,根据目前的研究结果,许多人认为衬线字体和无衬线字体具有连续阅读的特点,对于尺寸小的连续字体、无衬线字体具有优势,而且作为导体、信息图和屏幕界面的应用也比较广泛。

(2)行距和字词间距

行间距对文本的可读性有很大的影响,大家普遍认为,行距应远大于字距,这会方便读者阅读的工作。如果行与行之间的联系太紧密,可能会影响眼睛的移动,使用者更容易不知道正在阅读哪一行。此外,行间距还取决于行的长度,有研究认为总行间距应该更大,以帮助读者更好地区分行间距(图 2-7)。

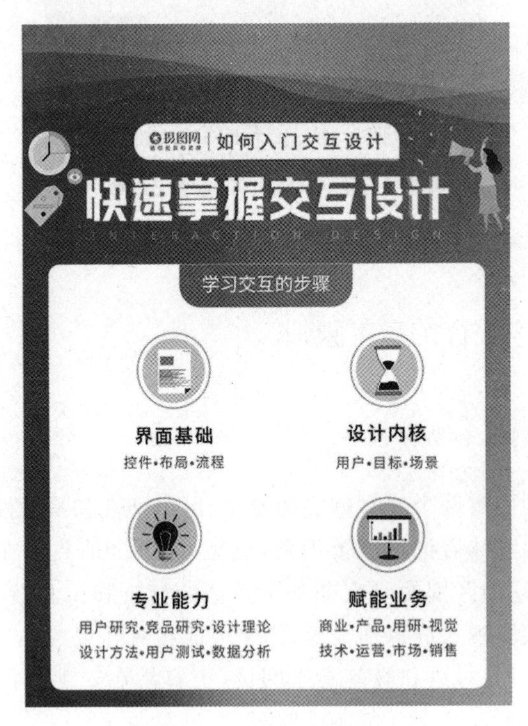

图 2-7　行距和字词间距

(3)行距与段距

行间距和段间距的选择应有助于文本层次上下文的形成。通常认为,线段间距如果大大超过字间距,将有助于用户理解阅读逻辑和顺序,从而便于整体查看文本。如果距离不够,读者将目光向下移动一行时,会遇到另一行的移动,从而影响阅读速度。更重要的是,段落间距对文本层次有实质性影响,有助于读者理解文本信息之间的逻辑联系。相距太远的段落之间太窄,以及由于段落之间缺乏紧密联系而造成缺点,是不可取的,因此必须在段落之间做出适当的间隔。

各节之间的间隔通常定为两个字左右,作为确保文章可读性的标准。这意味着当文本段从 12px 中键入时,它们之间的间隔为 24px。当然,这一标准并非绝对,需要根据具体情况和需要进行具体分析。

(4)文本区块的段落对齐方式

文本区块被设计成左对齐可以更好阅读。左边对齐的文本与在右边不同,但这样可以确保词之间的一致性并提高可读性。左对齐文本在屏幕界面中得到了广泛应用。

比较而言,向右对齐,因为用户需要寻找每一行的起点,所以避免少用连续长文本。中心对齐意味着文本的中心对应于行的中心,可以产生视觉意义上的对称效果,但也因为每行的开头都在变化,而不适合连续阅读。

现在采用比较多的还有行长相等的对齐方式,即牺牲字词间距的一致性来匹配行的长度一致,这样可以增加文本的视觉整齐度,但事实上仍潜在影响了文本的易读性,特别是有时字体尺寸和行距对于列宽过大,对易读性影响就更明显。

以上研究以英语字体为基础,目前汉语基础研究相对较少。中文排版中首字缩进两格,有助于提高可读性,是研究中普遍接受的结论。

2. 可操作性

界面排版不同于静态印刷品,因为前者通常是动态的,并在使用时考虑到用户的需求。例如,PAD 类交互产品,用户的手指操作较多,因此文本排版的字间隔应该考虑,以适应手指操作。如果间距过大,这可能会导致链接激活范围重复,出现硬件识别问题(图 2-8)。类似地,在智能手机的交互产品中,虽然屏幕比平板小,但在确定字之间的距离时,还需要考虑手指或手指操作的空间是否足够,以减少错误操作的可能性。在个人电脑上,通过大部分鼠标操作,可以适当地缩短字之间的距离。同一交互产品在两种以上媒体上展示一样,要以满足用户在不同环境下的使用需求为主。

图 2-8　PAD 交互设计的可操作性

还应该注意的是,随着越来越多的交互式交互产品,特别是移动终端的出现,屏幕界面的大小从几寸到十几寸不等,根据屏幕界面的大小和分辨率,相同内容的大小可能会完全不同,但是,无论它发生怎样变化,字号、字词间距、行间距和段距都应为用户提供透明度和可读性。

3. 文字设计及对信息传达的影响示例

(1)主体部分的字体是否足够大?在不同的设备上,它能提供最佳的阅读效果吗?

(2)行间距是否足够?

(3)文本色彩与背景的对比是否足够?

(4)各点之间是否有足够的间隔?

(5)标题和其他内容是否与正文不同?

(6)是否突出了大部分文案?

(7)文本是否以易读的形式使用?

界面中的文本设计是有效传递系统信息的一个关键设计要素。这些基本的设计问题将有助于我们测试界面上的文本的可读性。

二、交互设计中的色彩要素

色彩是交互界面设计中最重要的视觉元素之一，它决定了设计的风格。用户往往根据色彩、受众位置等对交互产品功能产生第一印象(图 2-9)。由于篇幅的限制，色彩设计的基本原理和方法在此不做专门介绍，本节只探讨色彩设计中影响界面设计中信息交互传递的基本要素。

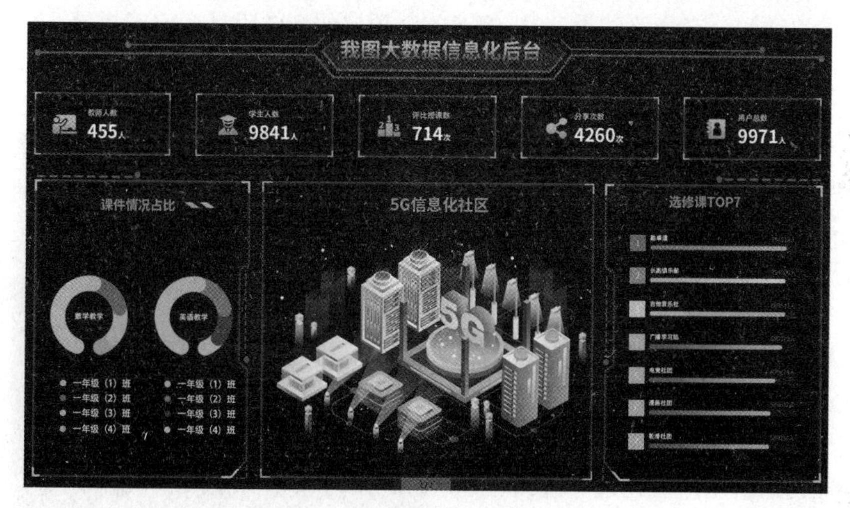

图 2-9 交互设计的色彩设计

(一)色彩的常用功能

色彩设计通常不同于交互产品的设计偏好或风格。色彩选择是保持界面信息易读性和交互元素一致性的重要工具。色彩在功能层面的主要表现包括以下几个方面。

1. 信息的组织、归类

色彩在界面中经常被用作分割和统一信息的重要手段。没有比伦敦地铁计划 App 设计更经典的例子了，作为拥有 160 年地铁历史的世界最大城市之一，伦敦地铁的路线更加复杂。如何让当地人方便世界各地的游客乘坐地铁,行程规划是设计师面临的主要问题之一。该项目几乎完全在色彩引导下,以方便用户搜索信息为依据进行构建,首次以不同的色彩和线条,361 个站点按照 13 条线分组,以及 1～6 个区域分为白色和灰色路线。因此,游客从一开始就来到伦敦,可以快速确定路线图的使用方式,通过色彩方便地访问相应线路上的网站信息,大大提高了信息的认知效率和搜索效率。色彩已经成为这种复杂运输系统中信息汇总和视觉引导的重要手段。

伦敦利用色彩对信息进行分类并呈现系统概念,广泛影响着世界各国地铁和公交线路的设计,影响着各个领域的视觉设计和空间指导。

2. 信息区分

色彩作为信息分割的一种手段,功能提示也常用于界面设计中。例如,查看新闻通常用不同色彩区别查看或没查看的链接。具体来说,与其他链接相比,已经点击新闻的新闻网站可能会变成更浅的灰色或者白色(图 2-10),既传达给用户已经选择过或已经访问过的信息,同时也有因看过的信息重要性降低而可以忽略的隐喻意味。

图 2-10　新闻 App 交互设计

3. 信息联系

使用色彩作为元素之间的共性,连接信息。例如,在京东商都的主页上,当鼠标放在某一类商品上,如“电脑、办公室”时,会出现下一层的菜单项,浅灰色的衬垫穿过选定的“电脑、办公室”和“电脑作为一个整体,零件到电脑,外部交互产品……”。不同于主页的白色背景和红色主菜单,显示菜单级别之间的共性,用户了解它们的依赖性。

要使上述功能配置中的色彩发挥良好，必须注意色彩差异大到足以区分（图 2-11），否则难以在差异、线索或关联中得到清晰表达，从而可能影响交互过程的顺利进行。

图 2-11　购物网站的色彩区分

4. 信息的表达

色彩本身就是信息，结合自然、历史、文化等，给出了一些共同的含义，如红色代表的热情、危险，黄色代表警告，橙色代表温暖和秋天，绿色代表安全、和平、健康，蓝色代表宁静，等等。最典型的情况可能与交通灯号有关，红—停，黄—信号变，绿—通，这是一种世界通用的色彩公式，它利用自己的色彩传递各种信息，通过广泛应用，进一步增强人们心目中的感知力。

此外，不同色调的结合可以传达不同的情感，这些情感已被广泛接受。例如，针对男女化妆品的定位，针对成人和儿童的网站色彩，在人们的脑海中有一定的期待风格。这反过来告诉我们，不同风格的配色方案本身就是交互产品信息的一部分，在界面设计中，色彩创新不应与预期受众有所不同。

一般来说，色彩由于其直接带给人的感受，在人们的意识中，有丰富的心理联想，因此对心理的影响。在界面色彩设计中应善于利用色彩特性组织信息、传递信息，服务交互产品信息的准确传递（图 2-12）。

图 2-12　界面色彩设计

(二)色彩设计的通用性考虑

配色方案的一般考虑因素意味着必须考虑到弱势群体,如色盲者或老年人在识别色彩方面的困难,这也是扩大交互产品或系统覆盖面的一个重要方面。

统计显示,男性约占 8%,女性约占 0.5%的人有色彩感知障碍。有证据表明这种情况在白人男性中更为普遍:12%的欧洲血统男性患有色盲症状。因此,色彩选择的设计必须使这些弱势群体能够平等地访问网站等的界面。

沃尔夫迈尔(Wolfmaier)在 1999 年的研究发现,大部分色盲在某些特定的色彩上是很难分辨的,最常见的是红绿相间的,很难辨别,如深红色、黑色、蓝色和紫色、浅绿色和白色,其次是黄绿色相间的盲,蓝盲等等。

对老年人来说，眼里晶状体老化随着年龄的增长而变浑黄，视神经退化、视网膜锥缩、白内障是常见的现象。统计结果表明白内障发生率与年龄相关，50～60 岁老年白内障发生率为 60%～70%；70 岁以上人群白内障发病率为 80%；80 岁以上老年人白内障发病率接近 100%。这导致老年人识别色彩的能力逐渐下降，与年轻人相比，他们对色彩的感知能力缩小，当色彩相似时，他们的分辨率也较低。最典型的例子是，老年人很容易误认为白色是黄色甚至棕色。

各种实验研究表明，老年人在短波中识别色彩的能力较弱。这意味着随着年龄的增长，绿色和蓝色之间的差异减小，而在红黄色范围内则相对较小，在低光照条件下更为明显。

结合近年来在屏幕界面上应用的老年人色彩识别实验结果，提醒我们在考虑老年人色彩能力变化时，必须保持色彩对比度；为了增加图表底部的对比度，选择大色调的色彩组合以提高视觉感知。

各色彩与其对比色相互组合时，正确的文本感知指标也很高。如背景色或文本的色彩，与其他色彩相比，黑色和白色是最佳的感知色彩，而阅读效果较好的通常是蓝色背景中的错误较少，其次是白色/黑色、黄色/黑色、绿色/红色、蓝色/黑色、黄色/蓝色、紫色/蓝色、紫色/红色和色相差异大一点的色彩组合。

三、交互设计中的图形要素

（一）图形的重要性

在交互设计中，大量的图标应用是图形界面的一大特点。图形标识方便创建用户界面，减轻了用户的认知负担，为建立良好的人机关系做出了巨大贡献，目前在界面设计中得到了非常广泛的应用，可以说无处不在。

为了传递信息，图形或符号通常被认为比文字更具形象性，但假设图形符号确实可以清晰地传递信息，否则不如文字直接，反之更容易误导。

国际标准化组织（ISO）亦有一套严谨的图形标志设计程序，只有经过仔细挑选及测试合格的图形设计后,才可将该程序引入 ISO 图形系统,并广为推广和广泛应用。

虽然一幅图也许胜过千言万语,但并非所有图标都能做到这一点,尤其是并非所有的图形符号在应用前都经过了严格的检验,如果不严格选择图形符号,就不可能保证其有效的识别性。

研究表明,接近物理形态的图像作为图标最容易理解。比如苹果公司在一系列交互产品界面设计图标中,很多都是直接应用于人们日常生活中最传统的交互产品形式,这些图形设计与人们日常使用的交互产品视觉相适应,符合最广泛受众已经积累的意识体验,不会引起误解,而成为苹果界面设计的重要组成部分,其推出后几乎影响了几乎所有信息科技交互产品的 icon 设计。这在一定程度上也是与智能用户模型以及体验相匹配和兼容的原因。

随着互联网的迅猛发展,出现了许多以前从未见过的数字交互产品。如 App 应用程序,对图形符号设计也产生了许多新的需求(图 2-13)。对于经验不足的用户来说,一些更抽象的"新"图形可能会引起歧义或混乱,进而影响对界面和交互的理解,因此一方面应谨慎选择图标设计,另一方面,可以优先考虑使用图表甚至单词作为首选格式,以确保信息的准确传输。

图 2-13　App 图标设计

(二)交互界面上的图标

图标软件界面以其绝对的优势,把复杂的交互程序视觉化、形象化、生活化,供用户识别、记忆。图标堪称数字界面中,最为基本,最为重要,发展速度最快,迄今为止发展最为完善的交互元素。随着数字智能化技术的不断更新，图标在数字化生活中所扮演的角色将越发重要，图标在数字交互界面上的价值也将得到进一步的提升。

1. 图标类型

图标分为系统程序图标、应用软件图标、工具栏图标以及按钮图标。

系统程序图标（Aplication icons）是指计算机程序自带的程序图标，如废纸篓、文件夹图标等，具有办公娱乐功能，而且图标外形是源于生活中已存的实物的图形转义。单击可以拖曳，双击可以进入新的链接界面。

应用软件图标（Software icons）是指那些由相关软件开发公司开发出来的，供使用者对影音、文字编辑处理的应用软件图标，如 Word、Adobe 公司的一些图形处理软件的图标。

工具栏图标（Toolbar icons）是指软件图标上的工具图标，点击后可以完成用户对文字和图像的编辑任务；按钮图标（Button）是指形似现实生活中的按钮，点击、触碰后具有链接功能的图标。

前三种图标皆属于引导性图标，就是说对于初次用户，并不知道这些图标是可以点按，并且在点按之后能够执行命令的。但随着使用次数的增多，使用习惯会渐渐地培养起来。而按钮图标则不然，本身就带有相对明显的可以点击的信号。因为多数按钮图标是模拟生活中已存的按钮属性而设计的。

2. 图标尺寸

通常情况下，图标不会单独出现，而是多个图标的排列组合。因此，鉴于整体摆放秩序感的需要，图标多采用正方形构图，以至于有些设计师把图标设计比喻成方寸构图的艺术设计。而且，图标是成组地分布在交互界面上的，故图标的尺寸必须与屏幕尺寸和屏幕分辨率相匹配。

原则上来说，单个图标的尺寸在 12 像素×12 像素、16 像素×16 像素、24 像素×24 像素、32 像素×32 像素、48 像素×48 像素、57 像素×57 像素、72 像素×72 像素、128 像素×128 像素、144 像素×144 像素、512 像素×512 像素、1024 像素×1024 像素区间中视不同的界面应用平台而定，在 240 像素宽度以上屏幕上的图标显示才能够看到细节。

最大图标的宝座曾由出现在苹果系统应用图标中 128 像素×128

像素的图标占有。当年为苹果系统所独有的 DOCK 弹性的拖放、缩放图标的功能,如今随着 Object Dock 在 Windows 环境下的运行,也使得 PC 机上的图标的最大尺寸发生了变化。

最小的 12 像素×12 像素尺寸出现在手机系统图标中。这种尺寸的图标很少,通常,与手持设备的屏幕尺寸(600 像素×480 像素与 108 像素×96 像素之间)和 LCD 分辨率相匹配的,移动设备上的图标尺寸应在 64 像素×64 像素至 96 像素×96 像素之间。

3. 图表的绘制

建议首先用铅笔在纸张上绘制草图,并反复推敲、修改,直至总体风格确定为止,以免直接用软件渲染浪费时间。这一步也就是通常意义上所说的纸原型阶段。随后,当草图方案确定后,再导入电脑,用如 Adobe Jlustrator、Freehand、3ds MAX 或 Photoshop 等类似的可绘制矢量图形的软件创建基本图形,在现有的界面上进行加工。这个阶段称为低保真原型设计。最后,进行高保真原型的制作,用电脑做进一步的调色、渲染的完善工作。也可用合适的特效进行再加工,以使制作出视觉上与实际产品类似,用户体验上也与真实产品相差无几的图标,包括仿真 Demo 展示(Demostration,供商业客户或测试人员审阅的内部示范版本)的制作等。比如我们要绘制 32 像素×32 像素图标,在纸原型上勾画出大体轮廓后,把该图导入电脑,再用可绘制矢量图形的软件勾勒出矢量图,并进行着色、渲染等加工,然后把该矢量图标用 PNG 的格式导出为一个 32 像素×32 像素的背景透明的文件即可。另外,需要注意的是,图标的设计始终属于目标屏幕设计,也就是说图标设计之初就要锁定目标屏幕的尺寸,再进行有的放矢的设计。比如,移动设备上的图标尺寸还要考虑交互前和交互后尺寸的缩放变化。一般情况下,遵循宁大勿小的原则,即从设计大图标开始,再在大图标的基础上,设计小图标。但切记不可简单地缩小。最佳原则是设计多大尺寸的图标就使用多大的。

(三)利用栅格系统保持网页的协调

现如今,栅格已经几乎是所有网页设计的基础。这些隐形的线条创造出空间的节奏感和视觉的流畅感,是让网页变得更加和谐的基础。栅格存在的目的是创造好的设计。设计师偶尔打破栅格的设计可能会让你的设计更加抓人眼球。不过，想要打破栅格又保持网页的协调性，是有技巧的，并非任何“破格”的设计都是好的，以下进行分析。

想要打破栅格，首先得深入理解栅格系统。无论使用的是哪种样式的栅格，它都是网页设计过程中的“基础设施”，它可以辅助设计师确定元素的放置，确保不同的控件在页面上堆叠而不会显得突兀不协调，有助于保持页面的组织性。

其实，不同领域的设计师一直都在使用栅格。

栅格的特点：(1)保持内容的组织度。在栅格系统下，元素从左到右，从上到下都清晰明了地排布起来，让布局保持一致性。(2)使得设计更有效率，因为规则化的栅格让各种 UI 元素的排布都规则化。(3)让网页不同的页面看起来都保持一致性。(4)让元素和元素之间的间距都一样，让整个设计保持整洁。

既然栅格有这么多的优势，那么为何还要打破栅格呢？这不难理解，栅格营造出一致和协调的观感，打破栅格的元素自然就显得更加“刺眼”了，这无疑是一种强调了。想要让这个元素打破栅格，又能与其他元素形成搭配，有许多讲究。

尽量将不同的元素置于不同的图层，这样可以确保部分元素超出栅格，而其他的元素保持一致。

由于 Material Design 的流行，现如今许多网页已经开始使用图层来管理网页中不同的元素。不同的元素在不同的图层中，以不同的规则运动，相互交叠又互相区分，更为高效地运作。

四、交互设计的版式要素

在界面设计中，版式设计虽然在视觉上不如色彩和文字设计明显，但其作用却是很关键的。一个界面如果没有好的版面设计，色彩、文字、图形这些元素就无法形成一个完美的整体，不能有效地进行信息的传达。

(一)版式尺寸

版式设计需要根据不同的屏幕尺寸进行设计，通常用像素来代表屏幕的尺寸,如 640×480 像素。下面以苹果手机 IOS 系统为例具体介绍常见的屏幕尺寸及对应像素。

目前使用 iOS 的 iPhone 常用手机型号的外观尺寸及屏幕尺寸对比设计师可以去参考苹果官方数据。需要注意的是,苹果手机在 iPhone X 诞生之后正式进入全面屏移动时代,在 UI 的尺寸与规范上也有了较大变化,其中 iPhone6/7/8/SE 的分辨率(1334px×750px)通常作为基准尺寸,可向上或向下适配。

1."栏高度"

除了界面尺寸与显示规格,iOS 的界面中对状态栏、导航栏、标签栏也有严格的尺寸要求,遵循相关的设计规范可有效提高最终界面设计的适配度。

状态栏位于界面最上方,主要用于显示当前时间、网络状态、电池电量、SIM 运营商。不同型号设备的状态栏高度不同,如 iPhone13、iPhone12、iPhone11、iPhone X 等全面屏型号的手机界面状态栏高度通常为 88px 或 132px,全面屏幕设备的外观设计的高度会高于非全面屏设备的,iPhone6/7/8 等非全面屏设备的状态栏高度通常为 40px 或 60px。

2. 导航栏

导航栏位于状态栏之下,主要用于显示当前页面标题。目前 iOS 的导航栏主要包括 88px 和 132px 两种高度。除当前页标题外,导航栏也会用于放置功能图标。

左侧通常是后退跳转按钮,点击左箭头则跳转回上页。

右侧通常包括针对当前内容的操作,如设置、搜索、扫一扫、个人主页等,全屏浏览界面下导航栏会自动隐藏。

3. 标签栏

标签栏通常位于界面底部,也有少部分标签栏位于状态栏之下、导航栏之上。标签栏主要包括 App 的几大主要板块,通常由 3~5 个图标及注释文字组成,例如微信标签栏内容为"微信""通讯录""发现""我"4 个板块,如图 2-14 所示。

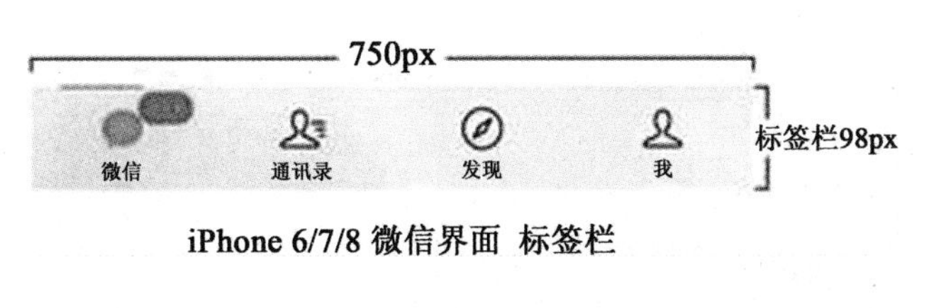

iPhone 6/7/8 微信界面 标签栏

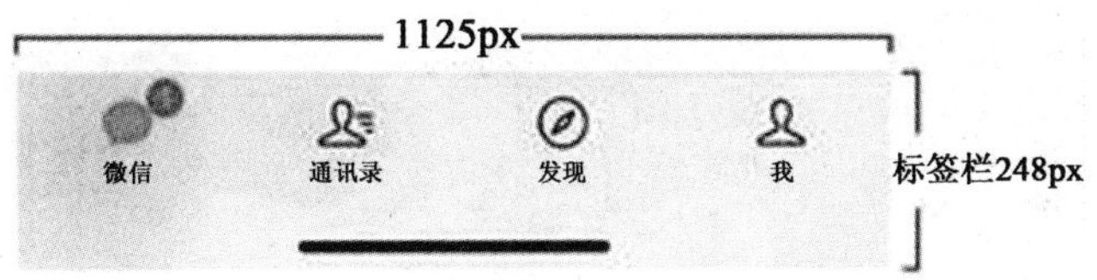

iPhone X/XS 微信界面 标签栏

图 2-14 苹果手机界面标签栏对比

标签栏用于全局导航，通常会保持显示状态不隐藏。不同类别的软件根据其自身功能的不同，标签栏内容也会有相应的变化，但基本都包含首页、个人主页、搜索与发现这三类主要功能板块。了解与掌握 iOS 的栏高度，有利于在界面图标设计的实际应用中更精确、有效地实施设计方案。

4. 边距和间距

在平面设计领域中，不论是海报设计、版式设计或界面设计，只要涉及整体页面与内部图标，页面的边距、元素之间的间距就都是设计要点。

边距与间距设计是否合理，会影响用户的使用体验。如果间距过大，会导致用户阅读不流畅，文字板块失去连贯的视觉引导，用户识别内容的效率降低；相反，如果间距过小，页面整体内容会显得过于拥挤，难以体现清晰的功能分类，影响用户使用感。

因此在界面设计中，边距与间距的合理性设置非常重要。以下是对相关内容的解读与分析，帮助读者快速掌握 iOS 界面中常用的间距与边距规范。

(1)全局边距

全局边距是指页面板块内容到页面边缘之间的间距。如图 2-15，2-16 所示的 iOS 的设置页面和备忘录页面的全局边距均为 30px，这也是 iOS 的通用边距。

图 2-15 iPhone 6/7/8 设置页面

图 2-16 备忘录页面设计

全局边距的作用及设计要点主要包括以下几点。

第一,视觉统一性。全局边距可以使整体页面的图片与文字更加和谐,不会出现图片过大、过于突出的情况,如果一个 App 设定了全局边距，那么除特殊情况外，App 的所有页面也应统一使用此边距进行规范，由此达到视觉的统一。

第二，阅读引导性。引导用户从上到下的视觉流线，并且将用户的注意力集中于页面。

第三，设计美观性。合理的全局边距设定使整体页面看起来更加简洁美观，适合长时间阅读。

(2)卡片边距

在界面设计中，卡片式设计是一种较为常用的形式，其特点是用色块背景将信息分组、分类，从而清晰地区分不同组别的内容，使页面空间得到更好的利用。

页面中的卡片边距根据承载信息内容的多少来界定，通常不小于 16px。

边距过小或过大都会降低信息传达的效率，当信息量较少时，边距可适当放大，如 iOS 设置页面卡片边距为 70px。

同样，以 iPhone 6/7/8/SE(1334px×750px)屏幕尺寸为基准，常用的边距为 20px、24px、30px、40px。例如，App Store 卡片边距为 60px，微信订阅号卡片边距为 40px。

(3)内容间距

在界面设计中主要使用格式塔原理确定界面中的内容分布及内容之间的间距。

根据接近法则，物体之间的相对距离会影响我们感知它们是如何组织在一起的，相距越近的物体越容易被视为一组。例如，每个图标所对应的图形与名称文字之间的间距明显小于其与另一个图标之间的间距，图标之间自然分组。

5. 图片比例

UI 设计中常用的图片尺寸和版式设置并不是任意的，而是建立在人体工程学基础之上的，按照统一的图片尺寸进行排版和设计，不仅会让整体界面中功能的实现有序规范，而且便于后期精准调整。

根据 App 的定位与风格，图片可以横置或竖置，不同的图片尺寸也可以同时使用，以增强画面的丰富性，常用的图片尺寸比例为 1∶1、3∶4、2∶3、16∶9、16∶10 等，如图所示。

6."图标规范"

每个应用程序都需要一套系统图标。例如 iOS 的 UI 主图标可以在 App Store 中引起用户的注意,并在主屏幕中脱颖而出,加深用户对应用程序的印象,体现了对应软件的设计定位与界面风格。

iOS 图标属性:

格式:PNG

色彩:P3(广色域)、SRGB(彩色)、Gray Gamma 2.1(灰度)

风格:扁平化、不透明

形状:圆角矩形

iOS 图标尺寸:

安装应用程序后,每个应用程序都会在主屏幕和整个系统中显示其图标。

手机型号	倍率	App Store 图标尺寸	应用程序图标尺寸
iPhone 13			
Phone X	@3x①	1024pxx 1024px	180pxx 180px
iPhone 12			
手机型号	倍率	App Store 图标尺寸	应用程序图标尺寸
iPhone 6/7/8Plus			
iPhone 11	@2x	1024pxx 1024px	120pxx 120px
iPhone 6/7/8			

7. 设计适配

手机的型号不同,其屏幕分辨率也会有所区别。在进行 UI 设计时,设计师需要一项基准尺寸来适配其他多种分辨率,目前通常以 667px×375px@1x(1334px×750px@2x)尺寸为基准。

① @1x 表示 1 倍图,@2x 表示 2 倍图,依此类推。

（二）版式规则

1. 格式塔原理

格式塔名称来源于德语 Gestalt，意为“形式”和“图形”，格式塔原理又称“视觉感知格式塔”。它明确指出，眼睛和大脑的功能是一个不断组织、简化和统一的过程，并通过这个过程形成一个易于理解和协调的整体。格式塔原则是感知场景的组织规则。我们眼中的世界是由各种复杂的物体和场景组成的，从某种意义上说，这些抽象是由不同颜色的点组成的，不同点的空间排列形成一条线，线代表表面，最终变成我们视野中的彩色图像。

在格式塔原则中，常用的原则主要包括以下几个方面。

（1）接近原则。接近原则涉及我们看到的物体和我们感知的物体是否以及如何在一起。受物体之间相对距离的影响，我们的感知将靠近的物体视为一组。也就是说，物体越接近，匹配的可能性就越大。在交互界面设计中，这种方法被广泛用于设计页面内容的布局，有利于引导用户的视觉流转，方便用户对界面的解读。

例如，Photoshop 的工具栏和工具选项栏利用就近的原则，将具有相同功能的内容、控件和数据用分隔线分隔开来，给用户留下视觉上的秩序和用户心理上的短暂停顿感；在 PDF 浏览器菜单栏的界面设置中，相同功能类型的符号组合在同一组中。

（2）相似性原则。意味着彼此相似的元素更有可能被归为一类。各个人物之间的距离是一样的，按照接近的原则，经过一些相似的视觉变化后：明暗变化、颜色变化、大小变化、方位变化、形状变化，这些图形被感知划分为三部分相邻组。

在 Build 2015 大会上，微软公布了 Windows 10 Spartan 浏览器的官方名称“Microsoft Edge”和官方图标：蓝色“e”。新浏览器的图标对于老 Windows 用户来说并不陌生，因为它只是比 IE11 少了一个“环”。

（3）连续性原则。连续性原则似乎很简单，当一个单一的图形或一组图形相互对齐时，在视觉上被视为一个整体。位于直线或曲线上的元素被认为比不在直线或曲线上的元素更相关。随着用户的视线沿着一系列对象移动,在脑海中形成了一个不断增加的“集合”。

(4)封闭性原理。当众多元素组合成一个封闭图形时,这些元素往往会组合在一起,并且连续性也同样有效。

(5)过去经验原理。过去经验的原则是基于过去的经验“物品往往是根据观察者过去的经验来感知的”。与任何其他原则结合,其他原则将支配过去的经验原则。过去的经历是独特的个体。

过去经验原则指出,在特定环境条件下,基于过去经验的视觉刺激形成分类,两个物体更容易被感知为相似,或者如果两个物体之间的距离很小,则很可能被一起观看。

例如,一个单词中的字母 L 和字母 I 根据过去的经验被认为是两个相邻的字母,而不是根据闭合原则将两个字母视为一体,从而形成一个大写字母 U。另外,还有依据现实经验设计的垃圾桶图标及设置图标。

2. 编排规则

以网页布局为例,它通常由 logo、主题名称、导航、内容和页脚组成。根据内容区的内容,可以采用更丰富的页面布局形式。网页布局多样,有的按照标准的网格线排列,这个形状有点像切豆腐块,横竖方向根据页面内容决定块的大小,有的则比较个性化并远离传统设计的框架形状。页面的设计方式取决于页面传达的内容。根据设计者的想法、标题和导航可以以多种不同的方式组合。

内容区的布局可以有更多的形状,可以使用不同的栏目:两栏、三栏、四栏等,还可以细化横切。

3. 响应式布局

过去,设计人员和开发人员创建了多种规格的网站,一种用于台式电脑屏幕显示,一种用于手机或平板电脑显示。这增加了工作量,并且需要在网站上使用不同的屏幕尺寸,从而使平面设计和响应式布局浮现。

响应式布局是 Ethan Marcotte 在 2010 年 5 月提出的概念。简而言之,一个网站可以兼容多种设备(包括电脑屏幕、平板电脑和手机等小分辨率),而不是兼容所有设备。响应式布局可以为不同设备的用户提供更方便的界面和用户友好的体验。响应式网页设计是指自动识别屏幕宽度并进行相应调整的网站设计。

五、交互设计的动效要素

(一)动效的基本特征

UI通常是根据在页面之间切换的静态页面设计的。随着设计和升级工具的发展,设计者开始尝试在原来网页运用动画设计手段引入界面跳转处理环节,试图解决未经处理和难以提前提供给用户的问题(图2-17),以减少用户在使用过程中的误解,帮助用户理解关系的变化,以提高用户体验。

图2-17　界面跳转处理环节

苹果交互产品界面的设计得到了广泛的支持,动效处理已经被广泛使用。例如MacOS X、最小化窗口和文档存储等基本操作,这样用户就可以清楚地看到文件或窗口的方向。

随着谷歌、苹果等国际品牌的出现,越来越多的人开始关注动态效果设计,也意识到运动效果在交互产品用户体验中的特殊作用,动效正在成为界面设计的新元素和力量。

动效的最大特点是可以传递基于时间轴的信息:静态界面 UI 的放置只是设计元素的静态组织,动效可以沿着时间轴在不同元素之间移动和耦合。这对于有限的界面显示面积具有特殊的意义和价值。界面元素如何出现并转换为新状态(图 2-18),通过更改元素的大小、位置、透明度和色彩的过程,帮助用户更直观、更好地理解界面,特别是可以向用户传递更多信息,而无需添加菜单级别,无需用户采取更多行动。并通过这种方式使动效成为数字交互界面的有效表达手段之一。

图 2-18　界面元素转换阶段

(二)动效应用

动效的应用主要体现在以下几个方面。

1. 提供更加真实的操纵体验

在数字交互产品的交互设计中,提高用户体验的一个重要设计方向是交互产品与用户的交互方式,尽可能贴近现实世界,符合人们对现实世界规律的理解,从而消除人们对虚拟交互对象的异化和陌生感,使系统和交互产品更好地为用户所理解。

由于现实世界中人与人之间的交互过程是一个持续的动态过程,通过引入模拟人与人之间交互和真实反馈世界的交互效果,可以为用户提供更真实的体验，缩小用户与数字界面之间的差距，提供“沉浸式”体验。

2. 提供直观的反馈，令用户清楚系统的运转状态

动态效果可以作为视觉显示系统运行状态的一种手段，它利用系统反馈具有良好的设计效率，使用户能够更好地了解操作结果和系统的当前状态。例如谷歌推出的 Material Design，可实时用于用户真实反馈，动画在按键时启动，产生类似波浪的效果，让用户感受操作效果。

动态效果还可以帮助隐藏系统的动作，分散用户的注意力，减少用户在等待过程中的焦虑。例如，当用户打开界面时，设计器通过动作效果显示系统运行状态，吸引用户注意动作的有趣效果，这样等待就不那么有趣了。

3. 构建视觉层级，引导用户注意力

关注是一种有限的资源，因此，必须改善图的比较，以确保用户给予应有的关注。研究表明，从页面浏览的那一刻起，在相同的显示面积下，用户的注意力将按照一定的顺序被吸引：动态＞色彩＞形状。即注意移动物体容易被吸引，因此在界面设计中加入相应的动态效果是为吸引用户而创建合理视觉过程的有效手段之一。

4. 交互产品说明书

在需要指示用户如何使用某个功能或交互产品时，将运动效果作为生动的表达方式，往往是比单纯的静态文本或图片更生动易懂的描述和指导。例如，移动终端界面中常用的手动指令，与静态文本和照片相比，动态效果更简洁、形象化，占用的资源更少，用户更容易理解。

一般来说，动态效果可以作为一种手段来创造视觉层次，减轻感知负担，提供更真实的操作，等等。精心策划的动态效果往往会带来更快乐的使用体验，以及更好地表达情感和气质，这有助于交互产品在细节上展示其品牌特色和升华体验。

六、交互设计中的导航视觉要素

导航（图 2-19）是网站或软件的示意图，通常显示为一组链接或图

标,设计元素包括文本、图标、颜色和图形。在视觉风格上,应注意与导航其他内容的显著差异,在清晰、有效和良好的审美效果之间寻求平衡。

图 2-19　交互设计导航

设计时还应注意以下几点。

(1)导航菜单必须清晰可见。在这里,除了用鼠标删除过时的更改外,单击鼠标还将引导用户使用导航文本、色域和图形选择,并根据格式塔的原则进行元素的排版和布局,从而在图表的背景之间建立清晰的关联,使导航可见。

(2)将导航放置在用户已知或希望的位置。将导航菜单放在用户熟悉的位置。用户通常希望他们在访问过的网站或 App 中的类似位置找到所需的 UI 元素,如页面顶部或左侧上方。

(3)设计顺序。一致性在交互的各个方面都很重要,导航视觉元素在不同界面之间转换时的和谐性也是交互产品整体一致性的重要组成部分。

第三章　交互设计中的情感研究

交互设计中的情感设计，其核心是以人为本的概念，它要求设计人员在设计时充分考虑人的因素，同时考虑到人的生理和心理发展需要，以及人的心理习惯、习俗、政治、经济和社会需要，并和谐协调相关关系，使人与物、人与自然、人与社会、人与人自身和谐发展，构建乐观世界。因此，情感设计，满足人们的情感需求，满足其心理。本章将对交互设计中的情感内容展开论述。

第一节　交互设计中的情感化趋势

一、情感化设计概述

（一）什么是情感化设计

情感化设计是现代交互设计的一个重要的诉求，它的出现是对工业社会以来过于注重实用性的现代设计理念的反拨。情感化设计注重在设计中关怀人的情感需求，要求在设计物品的时候要通过其造型，包括色彩、形状和材质来将物品背后所包含的情感要素传递给消费者，使其感受到体贴和关爱，乃至在深层次上感受到一种情感共鸣。当然，情感化的呈现要立足于物品的功能性满足之上，它的设计要符合人体工学的规律和人们的工作学习。使用功能和情感功能并不是完全割裂的，从某种意义上讲两者是相辅相成的。

(二)情感化设计的必要性

在后现代社会,消费主义的思潮在我们的日常生活中波涛汹涌。在许多人的眼里,消费已经不再是追求物质上的满足,更是确立主体价值的一种表现。相比于物质实体来说,物质的"非实用性",或者说"符号性"正在变得日益重要起来。物质的符号作为一种象征性的存在,浸淫在人们的生活中,物质消费象征着人的身份、个性和地位,在这种象征中,人们捕捉着若有若无的情感关怀。消费动机由"理性"走向了"感性",由"物质"走向了"感情"。如著名设计师菲利普·斯塔克设计的榨汁机。它的独特创意形态赋予了它奇异的情感魅力,人们评价它时说道:"我们并不使用我们的Juicy Salif,它的作用不在于被'使用',而是被当作艺术品来欣赏的。"这种"审美泛化"的现象出现,预示着情感化设计正随着时代需求走进消费社会的人类视野,它的到来有着一定的必然性。

(三)情感化设计认知

情感化设计认知是指人们在接触到物品的时候(图 3-1),通过一系列的自我感知、联想、思维、回忆、感受等一系列过程,进而达到与物品之间产生一种情感态度的心理特征。

图 3-1　情感化认知(概念图)

具体来说，情感化的设计认知包括以下三个方面。

首先，感官上的情感接受。要想感受到情感化设计的妙处，我们首先要具备健全的生理机能。这看起来是最轻易就可以拥有的，但实际上却是情感设计认知的首要基础①。人的生理器官可以感受丰富的外界刺激，是我们对外界形成的第一认知。器官是情绪传达的重要媒介，每一个器官对于事物的反应都会最终转化为一种感觉而存在。这种感觉是形成我们感知和判断的最原始的基础。

其次，知觉的加工。对于我们从感官层面感受到的各种感受来说，还要经过知觉的组织、辨别和加工，才能由不稳定的感觉转变为具有一定稳定性的情感结构和认知结构。也就是说，感觉是知觉的基础，知觉是感觉的深入。但知觉不是感觉的简单相加，而是经验对感觉的有机综合。另外，我们还需要注意的是，我们关于事物的情感知觉，不可能一次就完善，而是需要多次的感知才能慢慢转化为完整的印象，从而形成一个人对物品的情感。知觉将这种情感传递，在相互碰撞中升华出一种更高级的观念，继而再使观念相互碰撞升华出情感，由此形成对物品的认知。

最后，行为的情感认知。认知是个体认识客观世界的信息加工活动。人对情感活动的认知建构，本质上不是对外源信息的机械式复制，而是对其进行个性化的组织和意义创新过程。情感的发生是外部刺激和主题的认知反应之间相互作用的结果。行为是这一系列相互作用的结果，是情感和认知在行动层的外化。

情感化的设计只是一个心理过程，消费者对信息的感知具有瞬间性，从接受信息到提取信息，再到消化处理的过程，讲起来看似繁琐，但实际上几乎是在一瞬间内完成的，是消费者在长期生活过程中，日积月累形成的变化在一瞬间的显露，并且这样的情感体验还将在未来影响着他对品牌的认知和期望，刺激着购买欲望。

---

① 日本著名设计大师原研哉所说："人是一套极精密的接受器官，同时又是一个图像生成器官，它配备了活跃的记忆重播系统。人大脑中生成的图像是通过多个感觉刺激和重生的记忆复合的景象。"

二、在交互设计中融入更多的情感因素

交互设计的一个主要目标是开发能够激发用户积极反应的互动产品,如舒适感和使用感。设计师还关注创建交互式产品,这些产品可能会引起用户的某些类型的情绪反应,如鼓励他们学习,或者创造性或沟通。此外,人们越来越重视建立一个可靠的网站和应用程序,允许用户在网上购买或反馈时自由披露个人信息。简言之,我们把这个新生的领域称为“情感交互”。重视情感设计将是未来交互设计开发的趋势,情感位置将受到重视。如何将“交互设计”转化为“情感设计”,将是交互设计师面临的新挑战。作为一个设计师,将想要表达给消费者的情感因素融入到设计中,从而设计出满足消费者生理心理需求的产品,可以从以下两个方面努力。

(一)以消费者为中心

为了让消费者满意地选择一种产品,该交互产品设计的开发人员必须具有与消费者相同的思维方式。设计师扮演着沟通者的角色,设计师必须将自己的业务建立在消费者的基础上,甚至将自己视为消费者。这样,设计师就可以通过产品与消费者沟通,让消费者真正了解设计师想通过交互产品传达给自己的内容。

在进行创造性设计之前,设计师必须充分了解消费者的心理需求,对特征需求进行全面分析,以发现或产生各种欲望刺激。此外,也需充分考虑消费者使用其产品的环境,使所开发的产品能真正配合消费者的生活和使用环境。在某些情况下,消费者甚至可以参与设计过程,使设计中心始终以消费者为中心,设计产品更贴近消费者需求。例如,可以从人机开始,如在清洁的表面设计具有物理功能的清洁设备,以及与用户接触的生理和心理方面。可以根据机器的数据进行详细的人体分析。也可以从环境入手,如设计以绿色环保为主题的交互设计(图 3-2)。简言之,如果我们能够实现产品的和谐和协调,创造一个环境,使内在的生活感觉变得愉悦,以及温暖、舒适、轻松、快乐、宁静、安全、自由和活力的感觉,我们就成功了。

图 3-2　主题为绿色环保的交互设计

(二)体现个性情感

在当今高度工业化的社会中，人们希望个性化交互产品能表现出各种各样的情感。现代交互产品必须发挥情感物化的作用，能够充分表达每个人的个性爱好。交互产品的感官因素是一个复杂的系统，可以相信交互产品的情感道德越大，交互产品的附加值就越高。对设计师的质量要求就越高，这不仅在技术上，而且在理论上，无疑是对设计师质量的挑战。

与其他产品不同的是，情感化交互产品最大的特点是将产品放在人的心理因素的首位，让消费者在使用过程中和产品产生超越人和物的情感。在工业产品日益枯燥的时代，情感产品以其非凡的个性、温柔的人性关怀，以及极具创意的人生哲学，越来越受到人们的关注和喜爱。情感产品在功能和材料上并不均匀——它们非常受欢迎，但它们包含了情感因素，可以让消费者和产品走得更近，在情感交流中赢得消费者的青睐。交互产品设计的情感因素是由设计的艺术属性决定的，情感需求是人的基本心理特征。

这里以人机交互界面设计为例进行论述。人机交互界面设计不仅使界面美观,更重要的是使其流畅。设计者为人机设计界面,以帮助用户通过与界面的交互来实现预期目标(图 3-3)。在这个过程中,最重要的是引导用户进行简单的交互,基于愉快的视觉访问。从这个意义上说,优秀的计算机界面必须设计成清晰的视觉制导系统,以帮助用户轻松快速地找到想要查看或需要采取行动的界面和控制按钮。浏览网站以获取所需信息的用户需要通过网站的互动功能获得情感体验。目前,互动式界面设计机在我们生活中随处可见。它作为人与产品互动的媒介,承担着信息交流的功能,从而获得体验。人机交互界面的实现离开优秀的硬件支持,或离开显示器、处理器、界面设计等科技进步,就不可能更加积极地在更广泛的环境中利用复杂的操作产生非凡的效果。因此,交互界面是科技以艺术情感设计服务人类的典型代表。由于计算机特别是智能手机的广泛使用,这类电子信息产品的界面设计成为当今互动情感设计的主题。基于这种界面与人类互动的频率和深度,以及技术产品本身的物性,更人性化和情感化的设计尤其重要。首先考虑到它们的无障碍使用。

图 3-3　人机交互界面(概念图)

一个成功的界面设计一定能刺激用户的情绪，刺激他们的心理需求。交互式设计充分考虑用户的心理，并在此基础上进行功能设计，既能吸引用户，又能不断积累用户的信任和忠诚度，从而提高其产品的知名度。如今，微信和社交应用市场积累了大量用户，他们正是因为设计师准确定位了用户群，借鉴了用户的情感诉求，分析了用户的情感，大胆创新，才获得坚实的利润。积极探索新的情感可能性，这引起了群众的情感反应。

界面设计中的深度交互可以给用户带来更深层次的情感感受，可以给用户带来熟悉和陌生的兴趣，从而增强用户对界面设计的热爱。交互设计的魅力在于用户参与度的提高，也带来了积极的变化。现在市场上有很多音乐节目。让零级用户体验演奏乐器的乐趣是特别聪明的，因为产品本身提供了许多让用户更容易掌握技能的建议，这样的操作让消费者获得自信，用户获得乐趣，设计师对他们的心理做出反应，使这些 App 非常受欢迎。

因此，交互设计必须以用户为中心，使其具有良好的用户体验。这样，用户的情感诉求就要体现在设计中，微信的成功更是印证了这一点，准确把握用户的心理，进入其内心，引发用户的反响将成为未来互动的目标。在交互设计中，需要掌握用户积极的情绪，使其能够在良好的情绪状态下使用产品。因此，在交互设计中，感伤设计是最重要的元素，不能失去。

第二节　交互设计中的人工情感模型

一、人工心理与情感人机交互

人工心理理论，利用信息科学的手段，在人工机器（计算机、模拟算法）的帮助下，人类的心理活动再次更加全面。这个新概念是王志良教授在 1999 年提出的。这一新概念随后被纳入国家自然科学基金会 2000 年自动化学科项目指南。人工心理学研究的目的是建立一种通用的人工心理学,用机器模拟人的心理活动。

目前,许多国家①都在积极开展情感信息处理研究,在家用电器、汽车制造、纺织和设计等领域取得了诸多成果。目前,情感信息处理的研究虽然起步不久,但这一领域已经引起了政府的重视,一些国家的学者对情感信息处理产生了浓厚的兴趣,并开始对这一领域进行研究和探索。近年来,人工心理学领域的国际技术研究呈现出一种趋势,尤其是在日本,它处于领先。在日本科学界,一个新的术语"感应工程"(Kansei Engineering)被广泛使用,其中"感觉"是指一个人的心理特征,即感觉、情绪和能量的总称。需要指出的是,电感的研究领域属于人工心理学的研究领域。在我国,众所周知,计算机模拟人类情感是信息领域的一项前沿技术,是对计算机环境下情感计算理论的研究"计算机环境下的信息技术与和谐",所有这些研究都表明,人类在人类活动领域的研究正处于一个更先进、更复杂的阶段。

用机器模拟人的心理行为(情感)一直是一个目标。目前,用机器模拟人类心理行为的技术研究正在成为一种趋势。众所周知,经过几十年的研究,人工智能已经达到了很高的水平。尽管如此,目前的研究只是为了模仿人类智力,即构成智力表达、知识获取和知识运用的内容,这在人类研究领域还只是一个初级阶段。因为人的心理活动包括感觉、知觉、记忆、思维、感觉、意志、性格、创造力等。而人工智能只是研究感觉、感知、记忆、思维等。人的智力活动目前与情感、意志、性格、创造力等无关。因此,利用现有的人工智能基础(研究成果、方法),结合大脑心理学、神经科学、计算机科学、信息科学、自动化科学领域的新理论和方法,人类心理活动人工装置的完整建模(特别是情感、意志、性格、创造力等)是人工心理学理论的基础和目标。

(一)人工心理学的研究内容

(1)研究人工心理学的理论结构(目的、规律、研究内容、适用范围、研究方法等),特别是人工心理学的定义、研究规则、研究内容的确定,主要是要使相关研究符合人类伦理规范,这个问题在人工智能领域并不存在。

① 如日本、美国、韩国、英国、瑞典、荷兰、德国和意大利等。

(2)研究人工心理学与人工智能的关系,使两者相辅相成,促进共同发展,特别是在人工智能方面已经取得研究成果的基础上,建立人工心理学理论体系。

(3)由其规律决定的抑制不良情绪的机械算法。

(4)人的心理信息的数学定量表达(心理模型的建立,心理状态的评估标准)。在这方面,日本科学家已经做了很多工作,我国科学家已经出版了《心理学中的模糊集分析》《心理测量学》《实验心理学》等书。

(5)情感在决策中的作用,机器模型的实现。它主要是模拟人脑控制模式,建立感知+情绪决定行为的数学模型(人脑控制模式),这与人工智能控制模式不同。

(6)借鉴人工智能(计算机)编程语言的发展过程,探索构建人工心理(计算机)编程语言的途径。这是一项艰巨的任务,人工智能编程语言是一种以智能表达和逻辑推理为特征的逻辑语言,而人工心理编程语言则需要建立在联想推理、混乱操作、发散思维的基础上。模糊性归结为一种奇特的联想语言。

(7)情感文化的机器算法。

(8)灵感(顿悟)的机器创造实现战略。

总之,人工心理学领域的主要研究之一是建立人工心理数学模型。

(二)人工心理与人工智能的关系

(1)人工心理学和人工智能从人的心理活动的角度研究人的内在属性和外在行为。其中,人工智能则从人的智力的角度研究人的认知、思维等心理活动;而人工心理学则从研究人的心理活动的更广泛意义出发,包括感官信息的获取与处理,综合与人的情感、感觉、性格、意志、创造力等。

(2)人工心理学是人工智能的继承和发展,人工智能理论和方法是人工心理研究的基础。人工心理学研究需要在人工智能理论和方法的基础上探索、创造新的理论和方法。比如,支持情感化、智能化和智能化机器人的发展,实际上是模仿力学研究,使控制理论更接近人脑的控制模式。我们知道现有的人工控制理论主要是“反馈”理论和人工智能,它们与人脑的控制模式有着本质的不同,人工心理学理论有着非常广阔的前景,因为意识控制模型是感知+情感决定行为。在控制系统作出决定时,既不考虑情绪,亦不考虑情感等因素。应用心理学的另一个领域是商品设计和市场开发的人性化。毫不夸张地说,人工心理学是人工智能的最高阶段,是自动化乃至计算机科学的新领域。其研究将对人类控制理论、情感机器人、人文商品设计和市场开发做出重大贡献,最终有助于为人类创造和谐的社会环境。人工心理学是一门跨学科的科学,其理论根源源于众多学科,其应用主要有情感机器人支持、建模、商品设计人性化、市场感官发展、语言的人工心理编程、技术的人工创造,计算机辅助人类情感评估系统(虚拟技术)、人类心理数据库和数学模型、人类和谐环境技术和和谐多通道界面。

二、监测情绪与情感化技术

开发一种称为"情绪计算"的方法(Picard,1998)。人工智能和人工生命的长期研究方向之一是制造能够模仿人类和其他生物行为的智能机器人。例如研究人员试图为两岁的孩子制造一个智能机器人,这将是早期的经典机器人。

交互设计对自动情感分析领域的研究受到了许多设计师的青睐。现在,许多这些技术被用来自动测量和分析用户的情绪,并根据收集到的数据预测他们的行为,如当他们感到悲伤、无聊或快乐时,很可能有人在网上购买东西。情绪评估技术(如自动化个人代码)在商业环境中越来越流行,特别是在市场营销和电子商务领域。例如,Affectiva 情感分析和数据建模软件 Affdex(InsightSoftware)利用先进的计算机视觉和机械学习算法,通过标准网络摄像头捕捉情感,并通过分析用户参与的程度,对用户对数字内容的情绪反应进行分类。网上商店和广告,根据情绪收集的面部表情,将六种主要情绪进行了分组。这些感觉是悲伤、快乐、厌恶、恐惧、惊讶和愤怒。如果用户在弹出广告时扭着脸,这意味着他感到厌恶,如果他开始微笑,这意味着他感到快乐。网站可以感知用户在情绪状态下的需求,然后修改他们的广告、故事或电影内容。

用来确定某人情绪状态的其他间接方法包括眼睛跟踪、手指脉搏、声音,以及他们在 Facebook 模式、互动对话或邮寄过程中使用的单词/短语。情绪表达的水平,他们所说的语言,以及他们在使用社交媒体时表达的频率,都可以反映他们精神状态、幸福感和个性的方方面面(如外在或内在、神经质或被动)。一些公司可能会尝试使用这些措施的组合;

如面部表情和用户在互联网上使用的语言，而其他公司可能只注意一个，如用户在电话中回答问题时的语调。这种间接的情感测试始于帮助推断或预测某些人的行为，如确定他们是否适合这份工作，或者他们将如何在选举中投票。

三、拟人主义与拟物主义

拟人主义是人类赋予动物和物体人性的东西，拟物主义是身体的形状或物的形状。例如，人们有时会和电脑交谈，就像人类一样，把他们的机器人当成自己的宠物，给他们的移动设备、路由器和其他配件设备起可爱的名字。广告商很清楚这些现象，所以他们经常在早期的产品中创造出与人和动物一样的角色来宣传他们的产品。例如，早餐谷物，黄油和水果饮料广告已经变成了卡通人（他们可以移动、交谈、个性和表现情感），吸引观众购买。孩子们特别容易受到这种“魔力”的吸引，广告商也注意到孩子们喜欢卡通，所以对所有的无生命物品进行了设计。

人们，特别是儿童，喜欢并愿意接受有关人类起源的事物。许多设计师充分利用了这一趋势，其中最常见的是使用“人机对话”来模拟人与人之间的对话。此外，一系列动画片（如代理、顾问和虚拟宠物）也应运而生，人们可以与之进行交流。

此外，设计者们利用人造技术和嵌入式计算技术，开发了许多吸引人的玩具。“Actimates”等商业商品鼓励儿童学习玩玩具。例如，巴尼（熊）的玩具使用人类语言和动作来鼓励孩子们在游戏中学习。玩具的编程方式是让玩具对孩子做出反应，同时也一起看电视，或者在执行电脑任务的过程中。特别是，巴尼会关注孩子们正确回答问题，它还可以用适当的表达方式对屏幕内容做出反应，如当屏幕上显示好消息时，会感到高兴，当显示坏消息时则会担忧。通过使用传感器技术，语音识别和嵌入在他们身体中的各种机械转换器，我们可以将交互式娃娃设计成能够说话、感觉和理解他们周围的世界。例如，“Amazing Amanda”可以显示面部表情来表达自己的感受。如果给了她一些她不想要的东西，比如一个带有RFID贴纸的塑料披萨，当这个披萨放在她嘴里时，她会使用藏在脖子里的阅读器阅读这个铭文，然后她会扭曲她的脸说：“我不想要它。”

四、情感化设计模型

像奥尔托尼(Ortony)这样的情绪和行为模式在大脑的不同层次上表达。在大脑的底部,它们预先连接起来,以自动响应物理世界中发生的事件,这就是所谓的"本能层"。下一层是控制我们日常行为的大脑过程,这叫作"行为层"。最高层次是大脑思维过程,称为"反思层"(图 3-4)。本能层反应迅速,判断是好是坏,是安全还是危险,是快乐还是厌恶。它还刺激情绪反应(如恐惧、喜悦、愤怒和悲伤),表现为身体和行为反应的结合。例如,看到一只非常大的蜘蛛穿过浴室的地板,许多人会害怕,这会让他们尖叫并逃跑。行为层是大多数人类活动发生的地方,包括众所周知的日常操作,如交谈、打字和开车。在反思层,需要有意识的思考、事件的总结或日常和时事的分析。例如,当我们看电影《哈利·波特》的时候,我们会想到它的叙事结构,以及使用的东西和追求的东西,并且能对某些场景产生本能的害怕。

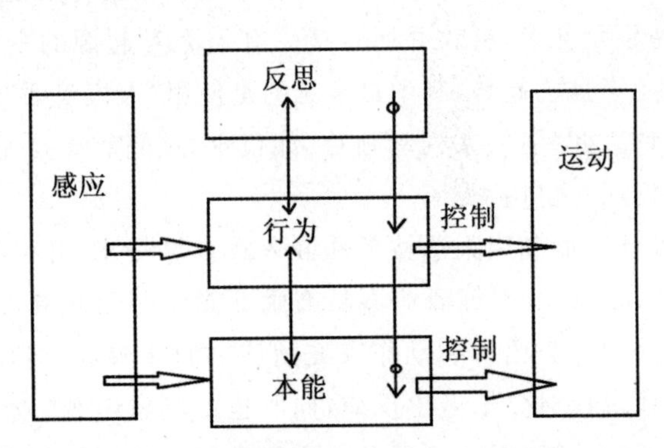

图 3-4　情绪设计模型显示三个层次

应用该模型的一个方法是考虑如何在三个层次上开发产品。本能设计意味着产品的良好外观、质量和声音。行为模式基于与可用性的使用和等效相关的传统价值观。这些思考的目的是考虑产品在特定文化中的意义和个体价值。例如,苹果手表是在思考层面上设计的,审美文化意图和图形元素的使用是基础。鲜艳的色彩、狂热的设计和艺术是苹果手表品牌的重要元素,吸引人们购买和佩戴手表(图 3-5)。

图 3-5　苹果手表

第三节　交互设计中的情感运用

一、第三代荣威 RX5 情感交互

全新第三代荣威 RX5 情感交互智舱有哪些黑科技?

从“我想看星星”,开创“互联网汽车”先河,到“给你好屏”,以 27 英寸 4K 全景智能交互滑移屏为核心,首创情感交互智舱,荣威 RX5 系列自 2016 年诞生以来,历经三代进化,始终位列时代前沿,引领智能座舱变革趋势,为用户带来不断刷新的交互体验。

作为中国荣威的年度重磅车型 2022 年 6 月 11 日开启盲订的全新第三代荣威 RX5,基于无界(Sideless)、灵动(Adaptive)、融合(Integrated)、协同(Coordination)的“SAIC”全新理念打造,以同级首创的 27 英寸 4K 全景智能交互滑移屏为核心,赋空间以情感,赋科技以人文,开创“往来之间智享无界”的情感交互智舱新体验,再树新标杆。

在中国荣威设计团队的核心洞察中,科技感强烈但实质冰冷的座舱,并非用户所需,全新第三代荣威 RX5 以情感律动塑造动人科技,让智能座舱“律动”起来,形成人与人的“情感交互”。

同级首创的 27 英寸 4K 全景智能交互滑移屏,信息呈现清晰直观,交互形式无缝衔接,带来沉浸式情感智能交互体验。配合 300mm 的超长滑移距离,将主驾、副驾之间的情感跨纬度传递,让双方更加便捷地共享与协作,让科技更有“温度”。

不仅设计独具匠心,全新第三代荣威 RX5 的智能座舱硬件实力同样出色,领先同级车型。27 英寸全景智能交互滑移屏拥有 4K 超高清分辨率与 85% NTSC 高色域,并在 Local Dimming 与 Mini-LED 背光技术的加持下,以超过 800 个分区实现精准控光,纤毫毕现,并以 100,000∶1 超高对比度,显示效果清晰细腻,画面栩栩如生。在纯黑画面下,更能实现 0 尼特效果,做到暗夜无漏光,显示无边界。值得一提的是,27 英寸全景智能交互滑移屏采用大尺寸一体化玻璃面板,结合精良的光学贴合工艺,对表面进行了防指纹、抗炫目、降低反射光的处理,带来更清晰的显示效果与更顺滑的操控体验。同时,其可靠性也通过多轮高低温耐久及整车路试,可靠耐用,品质无忧。

驱动 27 英寸 4K 全景智能交互滑移屏流畅运行、高效交互的,是高通骁龙 8155 车规级旗舰芯片,其采用 7nm 制程技术,平台运算速度达 360 万亿次/秒,性能是上一代产品的三倍。

全新第三代荣威 RX5 从用户多维体验与高频使用场景出发,以 27 英寸 4K 全景智能交互滑移屏为基础,独创了智驾模式与智享模式两种驾乘模式,为用户带来极致的驾乘体验。

图 3-6　全新第三代荣威 RX5 拥有智驾、智享两种交互模式

在智驾模式下，屏幕的驾驶信息集中在方向盘内，全新升级的智驾信息显示，以及业内首创的近、中、远多视距地图，让主驾对车辆所处路况环境信息一目了然，带来舱驾融合的全新体验。功能应用图标则布放在方向盘外侧，使调节更轻松便捷，更符合人机工程学。

在智享模式下，得益于300mm的超长滑移距离，主驾可以贴心的将屏幕滑移给副驾乘客使用，更好地共享与协作。副驾乘客能够协助主驾进行导航设置、调节功能设置，让出行体验更加惬意从容，还能使用备受年轻用户喜爱的Bilibili、欢喜影业等平台畅快追剧，或是使用音乐+应用播放音乐，配合采用三分频布局，拥有11个扬声器的高保真BOSE音响，尽享身临其境的沉浸式视听盛宴。

在HMI交互设计方面，全新第三代荣威RX5开创了具有东方美学的交互系统，以“形、色、质、空”四个构成元素从中国山水的特征中寻找灵感，打破仪表屏与中控屏的界限，让界面内容贯穿全屏，原创山水UI视觉主题，宁静、唯美、浑然天成。

作为“科技国潮”汽车品牌，中国荣威汲取传统东方文化精华，在全新第三代荣威RX5上首创二十四节气主题沉浸体验，将古诗词中对于二十四节气的描述还原到绮丽山水场景中，作为沉浸模式下的桌面。场景还会随诗句的描绘变幻景象，惟妙惟肖。

此外，全新第三代荣威RX5带来了充满生命感的交互界面，系统内提供了丰富的应用程序，用户可以自由编辑桌面的卡片模块，满足个性化、场景化需求。

值得一提的是，全新第三代荣威RX5引入业界首款“小狮王”潮玩智能助理，能够进行多模态人际交流，提供有生命力、有情感的陪伴。它将传统的民俗文化与流行潮玩文化结合，用户可以根据喜好进行十二生肖帽子的个性化选择，畅享自定义的智能体验。

与此同时，全新第三代荣威RX5具备FOTA升级能力，为用户带来可持续成长、常用常新的完美座驾。

二、阿维塔11首创情感交互，改变人车交互体验

近年来，自主汽车在新能源赛道上进步神速，已经展现出了领先世界的实力。但是即使如此，我们也不得不承认，自主汽车在内饰设计方

面还有很长的路要走。值得庆幸的是,自主品牌能够看到差距,正在不断地追赶内饰设计。阿维塔 11 就是一款拥有着出众内饰设计的自主汽车,2022 年 5 月 20 号这款汽车刚一登场就引来了无数消费者关注的目光。那么阿维塔 11 到底能否满足消费者们的期待呢?下面我们就来具体了解一下。

作为阿维塔科技的首款车型,阿维塔 11 由蜚声业内的顶尖汽车设计师 Nader Faghihzadeh 主导完成整体设计,外观遵循大胆自信、人性智能、活力个性的设计原则,阿维塔 11 兼具敏捷力量与未来科技感,展现出独特的情感智能美学魅力;内饰将前瞻美学与温暖科技融合于一体,为用户营造出随性奢华与有未来感的完美平衡。

“青灰”内饰风格酷似太空座舱,青灰主色调搭配深色顶棚和中控,座椅采用 NAppA 真皮及超纤麂皮绒材质包裹,在细节处以灵动柠檬黄色点缀,运动感十足。“勃艮第红”内饰风格以勃艮第红和月夜蓝双色搭配,座椅表面和靠背绗缝均采用非对称设计,带来独特专属的奢华质感和对撞的色彩美学。

首创情感交互,改变人车交互体验:除了在做工以及质感方面的优势,阿维塔 11 在智能方面也展现出了不凡的实力。基于情感智能设计理念,阿维塔 11 拥有了环拥式感应座舱。用户与车的情感交流,以“Vortex 情感涡流”为起始,温暖体贴的元素遍布座舱,兼具高端奢华与未来感。同时,阿维塔 11 座舱设计遵循拱心石原则,流畅的内饰滚边缝线呈完全对称展开,延伸至前后车门。同时,伴随着智能车内氛围灯环绕点亮,座舱为用户带来如蚕茧般的温暖感,身处其中可感受到安全与惬意。值得一提的是,智能车内氛围灯可随音乐律动,智能语音交互联动,环拥式流水欢迎动效等丰富沟通形式,与用户进行多维“情感交互”。

阿维塔 11 还搭载了智慧互联屏,由主副驾两块 10.25 英寸高清全液晶屏和 15.6 英寸全高清悬浮式中央触控屏构成。悬浮式中央触控屏采用快捷交互设计,高频应用一触可达,且具备快捷手势操作、分屏应用等功能。副驾触控显示屏基于一芯多屏能力,为副驾带来专属影音娱乐功能。无缝链接用户数字化生活,阿维塔 11 配备高功率手机无线充电,部分品牌手机可达最高 50W 无线充电功率。

其实，作为一个中国人，能够看到像阿维塔 11 一样的优秀自主汽车不断涌现，心里难免会产生一种自豪感。此外，大家可能还不知道阿维塔科技成立于 2018 年，时至今日也不过四年而已。仅仅四年，阿维塔科技就可以为我们带来如此优秀的阿维塔 11，这让人不禁期待未来的阿维塔科技还能打造出什么样的酷炫新品。

三、NIRO2.0 自然情感交互系统

百度 AI 交互设计院发布 NIRO2.0 自然情感交互系统，能力增强助力产业升级。2019 年 7 月 3 日至 4 日，"Baidu Create 2019"百度 AI 开发者大会在北京国家会议中心隆重举行，大会聚焦产业智能化，向业界展示了百度最新的技术进展和落地实践。在此次大会的百度 AI 交互设计论坛上，百度人工智能交互设计院院长、百度设计体验委员会主席关岱松与其设计团队共同向外界展示了百度人工智能交互设计院基于深度学习的人因工程，以及百度 AI 交互设计在无人驾驶、智能硬件、百度大脑、机器人、AR、VR 等方面协同发展的实践，并发布多项最新 AI 交互设计成果，不仅包含全新升级的小度交互设计系统，更有 AI 交互设计助力产业智能化的最新探索。同时，三款基于百度自然情感交互系统 NIRO 开发的软硬一体化创新机器人也在现场首次亮相。

大会设计分论坛的一个重要主题是 AI 交互设计如何助力人工智能产业化升级。服务机器人产业在过去几年中国都有超过 35% 的增长，而这其中在家庭和公共场所主要功能是教育、娱乐、咨询、业务办理的服务机器人正在被越来越多的人接触到，它们依赖的能力中非常重要的一部分是人机交互能力。

为了提升机器人的人机交互能力，在 AI Creat 2018，百度发布了机器人的自然情感交互系统 NIRO1.0，NIRO1.0 包含三个层次：机器人自然语言交互模型、人类情绪应对模型、机器人主动交流交互模型。通过这三个模型可以让机器人的语音交互更高效、能主动服务、有情商。推动行业进步的根本途径是提升体验，人机交互系统只是体验的一环，只有和硬件能力相互结合发生化学反应，才能更有效地提升机器人的体验。

产品“现实版的大白”——公共服务机器人 NIRO-Max，它是百度AI 交互设计院人机探索实验室以 NIRO 为基础，从 ID、人机交互到结构工程、机械工程，为百度智能云打造的新产品，在 2019 年第三季度正式推向市场。

目前服务机器人的主要使用场景是公共区域，且市场依旧处于非常早期的阶段，用户并没有在人机交互层形成固定的使用习惯。因此服务机器人成功的关键是两个维度：感官体验层和使用体验层，只有它们形成正循环，产品才会越来越多的被使用。

机器人的外观设计和其他所有产品都不一样，根据日本机器人专家森昌弘“恐怖谷理论”，当机器人外观很接近人时反而会让人觉得恐怖，这是非常特殊的，因此机器人的外观设计不仅是设计学更是认知科学，比如面部是不是越具象越好？肢体究竟要多完整？为了解决这些问题，在设计 NIRO-Max 时我们设计了几十种面部和肢体的组合模式，按三个维度进行了 14 天超过 500 次的测试，最终找到机器人面部和肢体配比的舒适区间。并且通过研究发现机器人头部形态如果接近于婴儿的头部形态更能激发好感。

机器人简单的外表下隐藏了复杂的加工工艺和元器件组合。例如，为了保障面部透光率和表情均匀，重新设计了喷漆路径，并在基材加工上做了镜面抛光和增透处理。为了让机器人呈现出丰富的表情，设计者在机器人这么小的头部内定制了小体积超短焦的激光投影，它的投影比例值达到 0.3。

如果说机器人的外观决定了是否能吸引用户首次使用，那么使用层的体验将决定它是否被反复使用。在使用体验层设计者为机器人设计了两种交互模型：语音交互模型和主动交互模型。

在语音交互维度，语音交互主要分为远场与近场两个场景，在远场使用的交互模型是“唤醒—响应—输入—理解—行动/回答”的交互模型，这种交互模型在智能音箱产品上已经打磨得非常成熟。但是服务机器人的语音交互更多的是在近场发生，目前主流的唤醒方式有两种：按钮唤醒和人脸唤醒，而按钮唤醒需要寻找(按钮)，不易使用；人脸唤醒易误唤醒，抗噪能力差。为了解决这些问题，我们为 NIRO-Max 设计了两种唤醒方式：多模自然唤醒与触感唤醒。

多模自然唤醒是利用高清摄像头判断用户是否在和机器人说话，加麦克风阵列的定向收音增益，它不仅支持多人嘈杂环境下的自然唤醒，而且可以随时打断。通过这种方式它的交互效率比唤醒词交互效率提升5%,"唤醒+指令"分开输入主观感受体验提升56.2%,"唤醒+指令"连续输入主观感受体验提升31.2%。

触感唤醒模仿的是人与人之间通过触摸来唤醒彼此的方式,NIRO-Max通过头部、肩部、手臂、手掌共七块触感传感器来支持触摸唤醒。触感唤醒不但还原了人类自然的唤醒方式之一,还可以增强趣味性,拉近用户与产品的距离。

主动交互通过减少用户输入来提高服务效率,而主动交互的难点在于在什么场景下要用什么形式进行什么程度的主动交互。NIRO-Max根据机器人的与用户的距离、机器人的状态,设计了三种主动交互方式:主动询问、主动展示、自主巡航。

主动询问是当用户走向机器人正面小于1.3m时,这时候对用户需要服务推断是比较准确的,机器人会根据当前位置、人脸识别等信息主动询问某项服务。而当用户与机器人的距离处于中场,当检测到有过往用户在1.3～3m之间慢速行走并看向机器人,或停下来看向机器人时,机器人主动展示自身能力并询问是否需要服务。

主动巡航的基础是3摄像头+双雷达感知能力,基于这种能力,NIRO-Max可以根据设定路线巡航并在人群聚集处停留一段时间,通过界面播放服务内容,这大大提高了机器人的覆盖区域。

机器人的功能层质量以体验层为基础,感观层通过科学的设计做到强的交互意愿度,在使用层以NIRO系统为基础,通过自然唤醒、主动交互让机器人可以有高效的交互、更多的服务时间。

目前前面所列举的机器人产品的人机交互系统已升级为NIRO2.0,也欢迎大家访问NIRO官网获得这些能力。希望越来越多的NIRO设备可以被创造。

第四章　App 界面交互设计中的应用研究

随着互联网技术的发展，人们在生活中经常使用互联网产品，如 App 应用程序等。App 的界面设计可以做到完美，但需要无数设计师的共同努力和创新。很多设计师存在的问题是不能够合理布局，不能够合理地将网站设计的构架理念转化到手机界面的设计上。他们常常会觉得手机界面限制非常多，觉得创意性发挥空间太小，表达的方式也非常有限，甚至觉得很死板。但真实的情况并不是这样的，了解手机的空间有多少，然后合理创意，便可以创造出具有独特风格的手机 App。本章将对 App 界面交互设计的相关内容展开论述。

第一节　App 界面设计的概念

一、App 界面设计的释义

App 是 Application 的缩写，也称为“App 软件”。这个在手机系统上运行的应用程序为用户提供了很多方便，让用户随时随地都可以购物、浏览网页、社交、学习和游戏等操作(图 4-1)。

与其他类型的界面设计一样，移动界面设计不仅需要审美时尚、美观，还必须注意不同功能的整合。目前，移动终端的界面设计主要针对 Android 系统和 iOS 系统。

图 4-1　认识鱼类 App 图标

二、App 界面与 Web 界面的区别

(一)交互与操作的方式不同

Web 界面使用鼠标或触摸屏作为媒介,通常是通过单击鼠标左键,还支持鼠标滚轮滑动和右键单击模式。移动 App 直接用手指控制屏幕(图 4-2),除了最常见的点击外,还支持各种复杂的手势,如滑动、按压等。移动应用程序首先需要重要的界面元素在单手点击范围内,或者可用快速手势。与鼠标相比,移动应用程序手指的触摸区域更宽,更难精确控制点击位置,因此在人机交互规则中,至少需要 44 个触控点才能指定手指最合适的接触区域。

图 4-2　移动 App 图标

(二)设备与设置尺寸不同

Web界面可以在不同的计算机和设置下具有不同的分辨率,浏览器窗口的大小也不同(图4-3)。与Web界面相比,移动App界面显示出相对较小的设备尺寸,尤其是在Android系统中。移动App界面同时支持水平和竖屏移动,Web界面只支持水平屏幕。

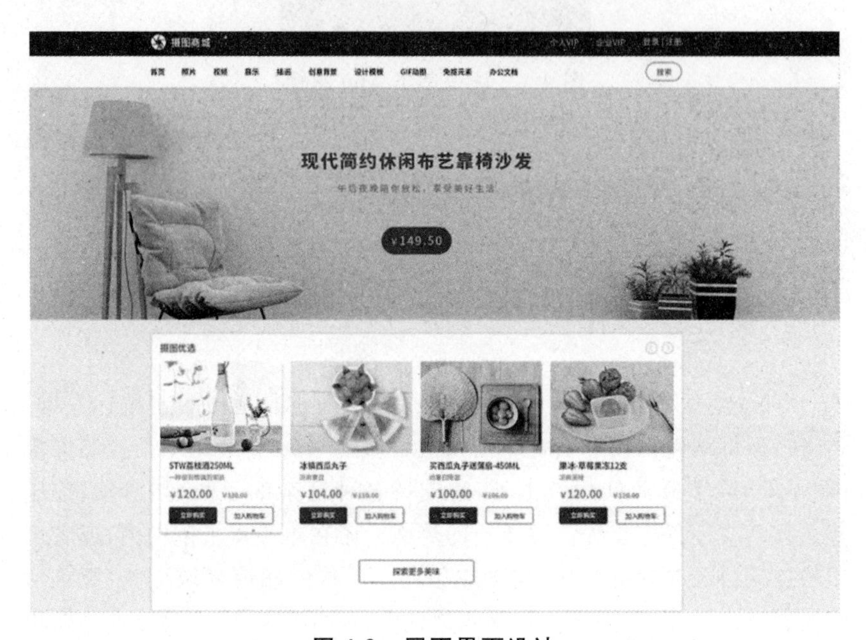

图4-3 网页界面设计

移动应用界面尺寸小,屏幕上显示的内容有限,信息必须在下一层清晰。在设计时,必须有效地突出高优先级的内容,并适当地隐藏它。移动设备分辨率、DPI大小不同,移动App界面在界面布局、图案、文字显示上要平衡不同设备的效果,需要设计师和开发人员共同努力,才能很好地结合起来。移动设备支持水平屏幕、竖屏,在设计移动应用程序(如游戏、视频播放器界面)时,需要考虑用户是否需要"改变方向"、何时切换屏幕方向、如何切换等。

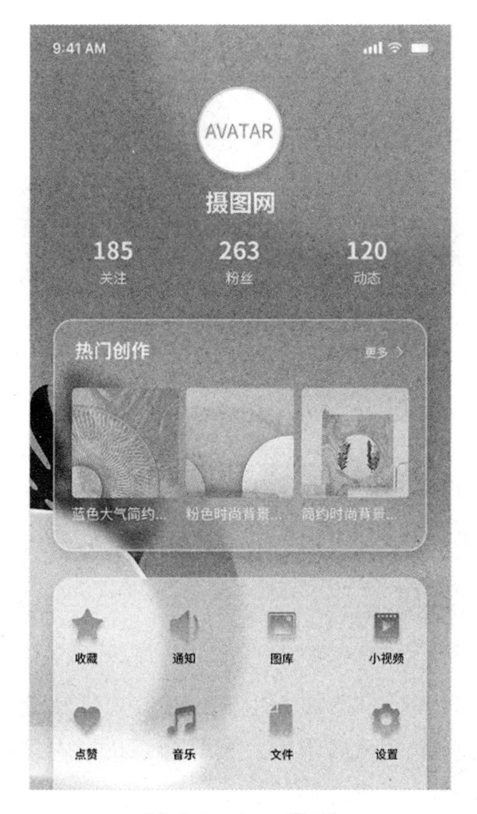

图 4-4　App 界面

(三)使用环境不同

Web 界面通常用于应用程序更长的时间。移动 App 界面的使用时间自由,既可以长时间使用,也可以在碎片化时间过程中使用。而且可以在不同的姿势上使用,站着、坐着、躺着、走路等各种姿势。使用 Web 界面时,用户会更加小心;使用移动 App 界面时,用户会很容易影响环境,界面内容也可能不那么容易跟踪。长时间使用更便于无声浏览,每次浏览都是有限的,如“略读”“收藏”等功能更实用。用户在走动过程中容易误触,这是设计师在设计时需要考虑的一个重要问题。

三、App 界面设计的趋势

随着与日常生活相关的移动应用数量的增加,用户花费越来越多的精力和时间,如浏览邮件、预订酒店、商店、汽车,甚至到国外市场。在用户面临的任务越来越明显的情况下,真正为用户提供并满足用户需求的 App 的价值。

(一)专注用户体验

移动设备用户对用户体验的需求迅速增长,对人为设计的要求也越来越高。在这样的用户需求和感知中,设计人员和开发人员倾向于更重要的功能,同时提供定期更新,让用户成长并逐步优化他们的用户体验。

(二)为大屏手机设计

手机的大屏幕设计早已成为主流。开发人员和设计人员需要面对屏幕宽度和拇指长度之间的矛盾。大屏幕手机影响排版、交互、脚本切换和用户体验设计。

(三)分层布局

Google Material Design 将阴影和层次结构推向了最前沿。尽管整体风格仍然非常平坦,但谷歌设计师从拟物化借来的元素改进了整个设计语言。材料设计中的层次结构源于自然,源于"纸"上的物理隐喻,在客体关系中用色彩和阴影来表达。这种典型的层次结构使虚拟物体具有物理性质,色彩和阴影来产生空间耦合,相对应的速度反映物体的重量和惯性,通过触摸屏似乎与物体有着交互体验。优雅的体验,准真实的操作,这是分层布局的优势。目前 iOS 系统的界面(图 4-5)设计方式也深受用户的喜爱。

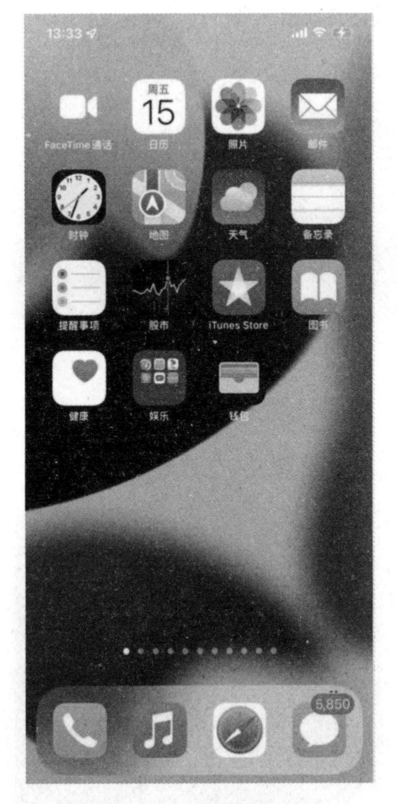

图4-5　iOS系统

(四)更多动效

目前，丰富的App效果广泛应用于移动端的先进应用界面，为用户提供了良好的动态沉浸体验，动态设计在产品开发过程中越来越得到认可和重视。动态效果(图4-6)可实现收敛、显示层次、空间扩展、注意力聚焦、内容显示、操作反馈等。

(五)背景模糊和半透明效果

另一个设计趋势是通过背景效果和半透明效果增强App的视觉可用性(图4-7)。与纯背景颜色相比，用户更喜欢使用图像，虽然这增强了个性化，但使背景层高于图标，控件在视觉上无法清晰区分。应用程序中嵌入的模糊和半透明效果可以减少这些视觉障碍，提供可读性，并保持了用户渴望追求的定制化效果。

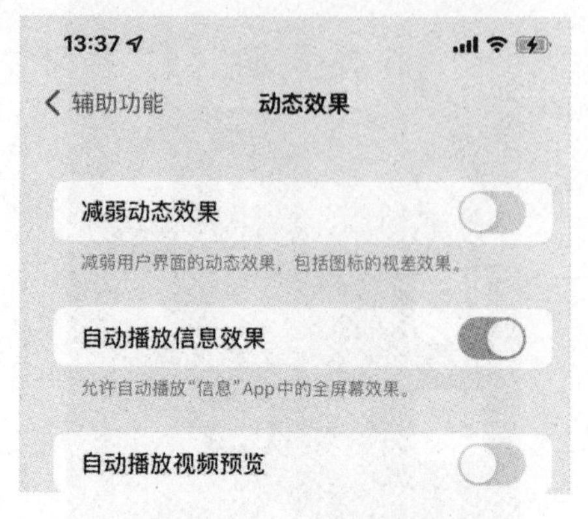

图 4-6　动态效果

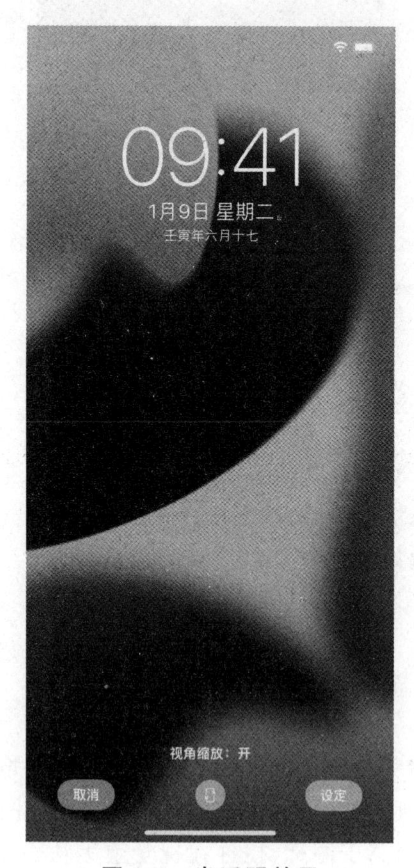

图 4-7　半透明效果

第二节　App 界面设计中的特性

一、App 基本界面简介

(一)启动页

启动页是 App 情感设计的重要组成部分,对于绝大多数 App 来说,它是塑造品牌氛围和塑造个性的重要手段之一。此外,由于开始应用程序过程通常需要一定的时间,特别是大型应用程序(绘画和游戏),同时漂亮有趣的启动页可以减缓用户等待应用程序启动的焦急情绪。图 4-8 所示为苹果天气 App 启动页。

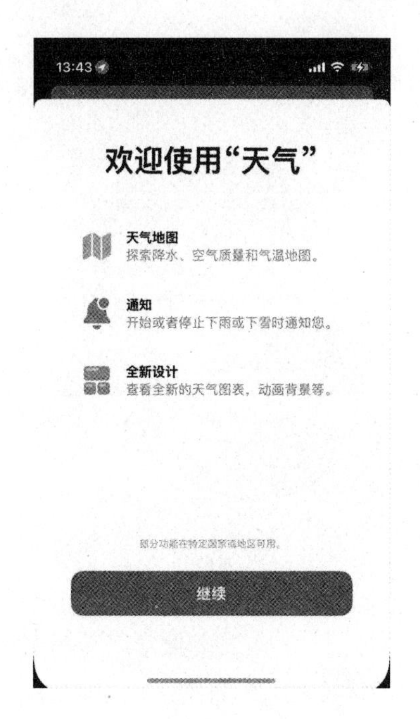

图 4-8　苹果天气 App 启动页

(二)引导页

引导页是指南的作用,通常用于描述产品概念或帮助用户理解App。通常,只有在用户启动应用程序或更新版本后,才会出现引导页。引导页通常为3~5页,在设计每一页时,风格和结构必须统一,内容相互关联。图4-9所示为某App的引导页。

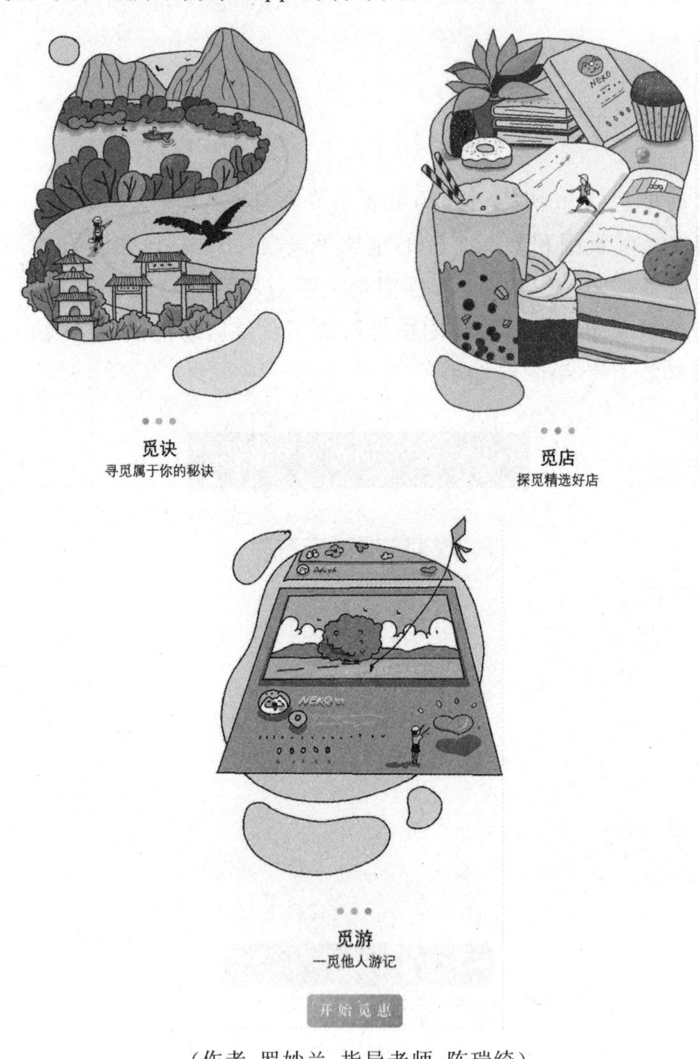

(作者:罗妙兰,指导老师:陈瑞绮)

图4-9　引导页

（三）首页

首页是应用程序的关键页之一，它代表了应用程序内容的综合，用户可以通过单击页面的链接来导航到相应的部分或页面。首页上的页面比较灵活，如 App 类购买，页面上通常有状态栏、导航栏（包括搜索）、分类图标、横幅。各栏目的内容和标签亦可根据格式的需要作出适当调整，如天猫手机端 App 首页。图 4-10 所示为苹果天气 App 首页。

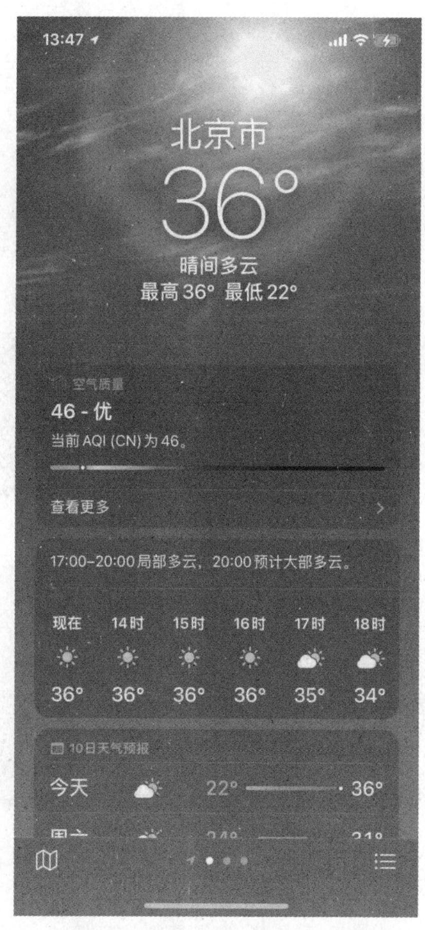

图 4-10　苹果天气 App 首页

(四)详情页

商品详情页信息通常包括商品图片、名称、价格、商品说明和详细图,通常用以清单或卡片的形式显示商品。这个页面包含很多信息,通常不能在屏幕上完全显示,用户可以获得更多信息,比如京东手机端App的详细页面。图4-11所示为某App的详情页。

(作者:罗妙兰,指导老师:陈瑞绮)

图4-11 详情页

(五)个人中心页

个人中心页是查看和设置个人信息的页面。一般页面布局包括两种类型:

(1)当网页功能较佳时,通常会显示不同的功能,让使用者透过分类标题快速找到所需的功能,例如苏宁易购 App、淘宝 App 和知乎 App 等就是运用这种方式。

(2)当网页功能较少时,通常会以列表形式排列布局,使页面效果在功能上更方便、更精简,如闲鱼 App、微信 App 及支付宝 App 等。图 4-12 所示为某 App 个人中心页。

(作者:王子烨、卢新龙、米宇,指导老师:张菁秋)

图 4-12 个人中心页面

二、App 界面设计的规范与个性化

(一)App 界面设计的规范

界面设计规范的主要目的是设计团队在开发界面的方向、风格和目标上,以便于团队之间的互动,提高工作质量(图 4-13)。

在设计移动界面时,其规范性使整个 App 能够按大小和颜色分组,从而提高用户对移动产品的认识,方便用户操作。

移动界面是与用户共享软件最直接的方式,设计精良的界面可以起到“向导”的作用,帮助用户快速熟悉软件的操作和功能。例如,控制按钮的状态样式、按钮的大小和形状是统一的,它们的功能在颜色和文本上是不同的。

图 4-13 苹果钱包 App 界面

(二)App 界面设计的个性化

一般来说,移动设备视觉效果有一个统一和谐的特性,但在设计移动界面时,必须考虑到软件本身的特点和用途,可以对其进行一定的个性化。界面移动效果的个性化包括以下几个方面。

1. 个性化的界面框架

软件实用性是软件的核心,移动界面必须妥协并适应软件的基本功能,使其既美观又实用。

2. 一目了然的界面图标按钮

在移动界面中,图标按钮是常用的控制元件,它通过一系列图形内容显示目标,因此在设计时应注重表意性、用户友好的识别和操作(图 4-14)。

3. 个性化的界面色彩设置

个性化的颜色可以让用户对界面保持一定的新鲜感,甚至可以让用户自己设置自己喜欢的界面颜色,从而提高用户和软件之间的协调程度(图 4-15)。

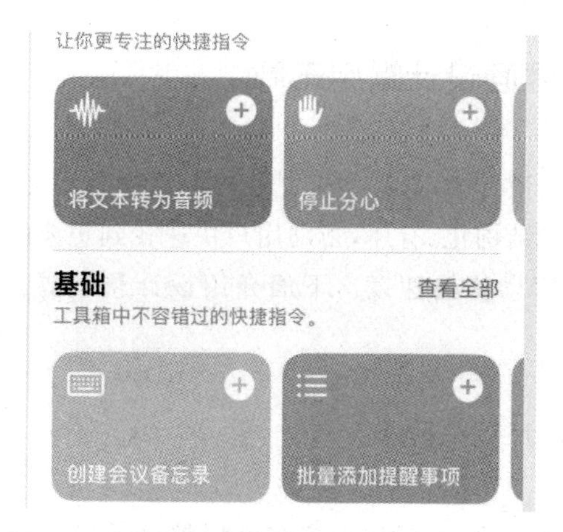

图 4-14　苹果快捷指令 App 界面按钮设计

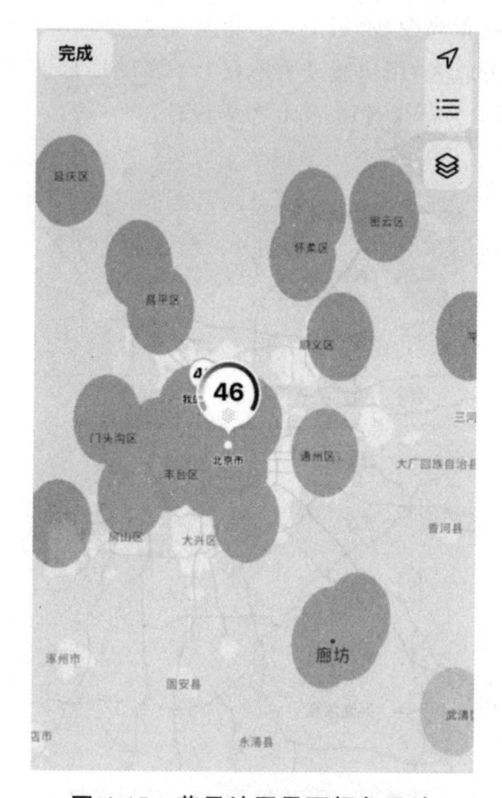

图 4-15　苹果地图界面颜色设计

三、移动界面设计常用布局

在移动界面设计中,布局主要是指在界面中键入文本、图形或按钮,使各类信息更加结构化、有序,帮助用户快速找到想要的信息,提高产品的交互效果和信息传输速度。下面介绍设计移动界面时使用的常用布局。

(一)竖排列表布局

由于手机屏幕尺寸有限,大多数屏幕都显示竖屏屏幕,允许在有限的屏幕上显示内容。

在竖屏列表布局中,常用于显示功能目录、产品类别等并行项,列表长度可无限向下放大,用户通过手指在上下滑动屏幕上可以查看更多内容。图 4-16 所示为苹果健康 App 布局设计。

图 4-16　苹果健康 App 布局设计

（二）横排方块布局

由于智能手机屏幕分辨率有限，无法像计算机上那样完全显示各种程序的工具栏，因此工具栏区域中的许多移动应用程序都采用了工具栏识别方案。

横排方块布局基本上是水平地显示各种平行元素，用户可以将手机屏幕向左或向左移动，或者按下向左箭头按钮查看附加元素。例如，大多数手机桌面使用横排方块布局（图4-17）。

（作者：张新幸，指导老师：陈瑞绮）

图4-17　横排方块布局

在为数不多的移动界面中，特别适合使用水平块进行布局，但这种方式需要用户主动搜索，所以如果我们想显示更多的内容，最好使用竖排列布局。

(三)九宫格布局

九宫格最基本的表现其实就像是一个三行三列的表格(图 4-18)。目前,很多界面采用了九宫格的变体布局方式,如 Metro 界面风格(Windows 8、Windows 10 的主要界面显示风格)。

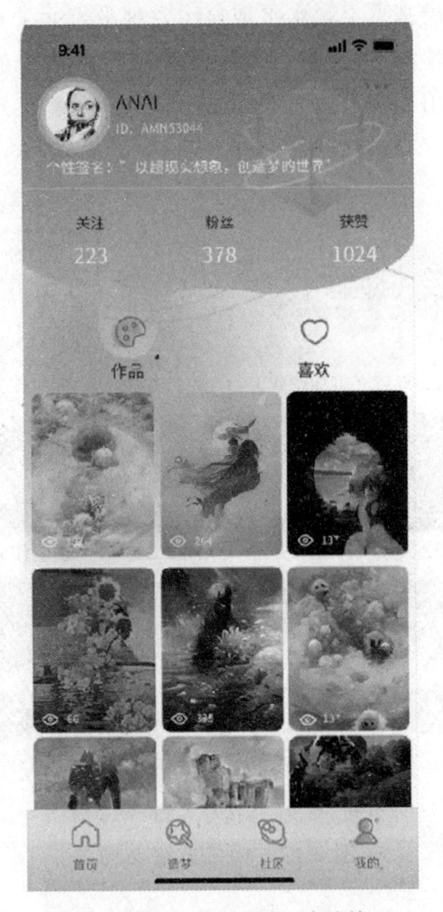

(作者:刘雪君,指导老师:陈瑞绮)

图 4-18　九宫格布局

(四)弹出框布局

当移动界面时,对话框通常是一个次要窗口,其中包含不同的按钮和选项(图 4-19),通过这些按钮和选项,它们可以执行某些命令或任务。

在下拉列表中,人们可以通过单击相应的按钮来隐藏许多内容,这主要是为手机保留屏幕空间。在安卓系统中,许多菜单、单个复选框、选项、对话框等都使用弹出框布局形式。

(五)热门标签布局

在移动界面设计中,通常使用搜索和分类界面来放置热门标签(图 4-20),这使得页面布局更具语义性,并允许各种移动设备更好地展示软件界面。

(作者:陈淑仪,指导老师:陈瑞绮)

图 4-19　弹出框布局

(作者:陈淑仪,指导老师:陈瑞绮)

图 4-20　热门标签布局

四、App 动态绘本实例展示

(一)《我心中的廖仲恺先生》

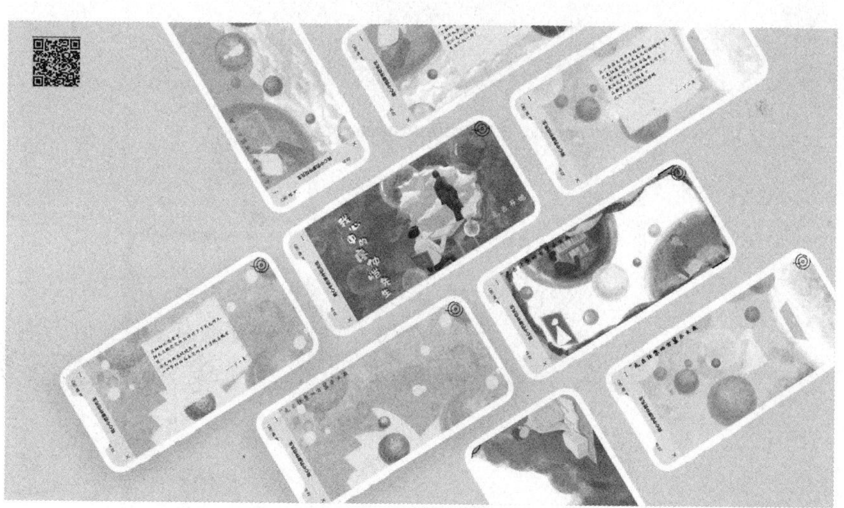

（作者：李莹婧、赖秋茹、张惠丹、刘晓萱、李燕琴、陈淑仪、郭玉娇、梁凤仪、曾玲丽；指导老师：张菁秋）

图 4-21　《我心中的廖仲恺先生》

(二)《抗日小鬼班》

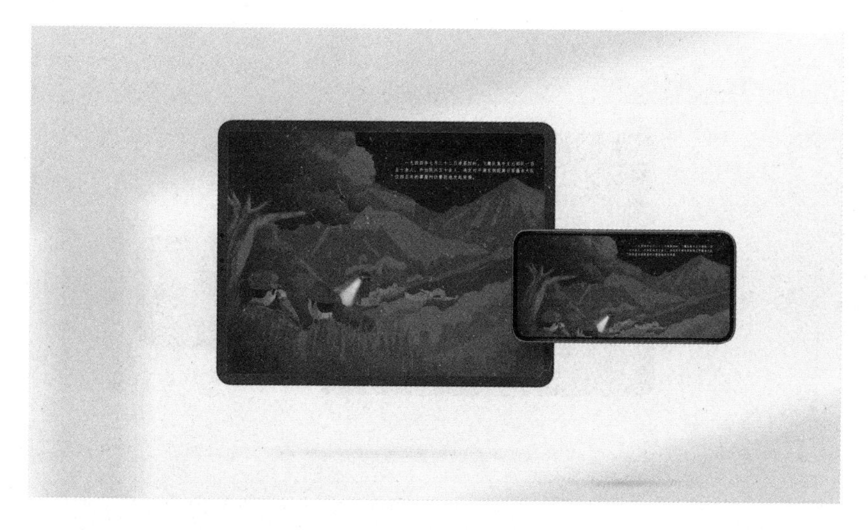

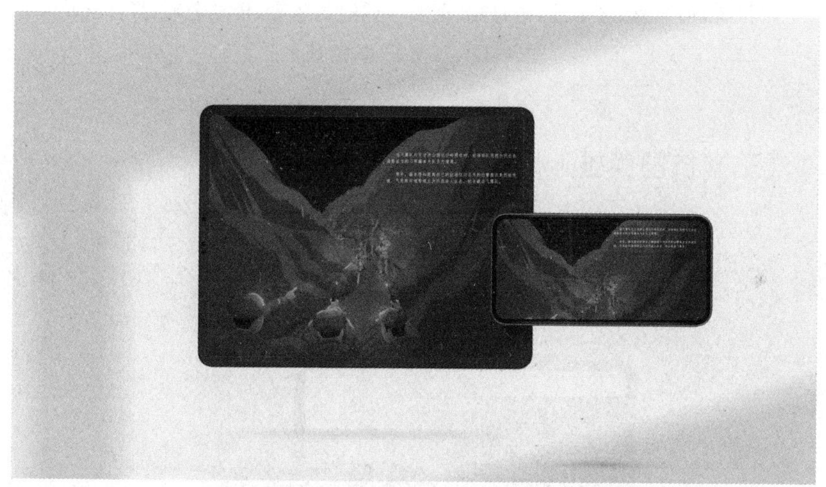

(作者:何飞舟、徐子凡、杨婷婷、董潼、赵静、黄童童,指导老师:张菁秋)

图 4-22 《抗日小鬼班》

(三)《抗日英雄》

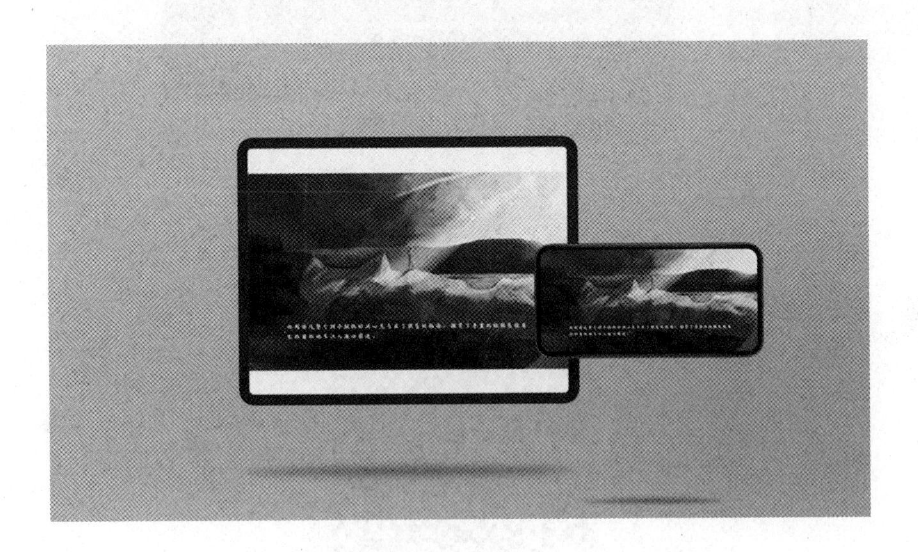

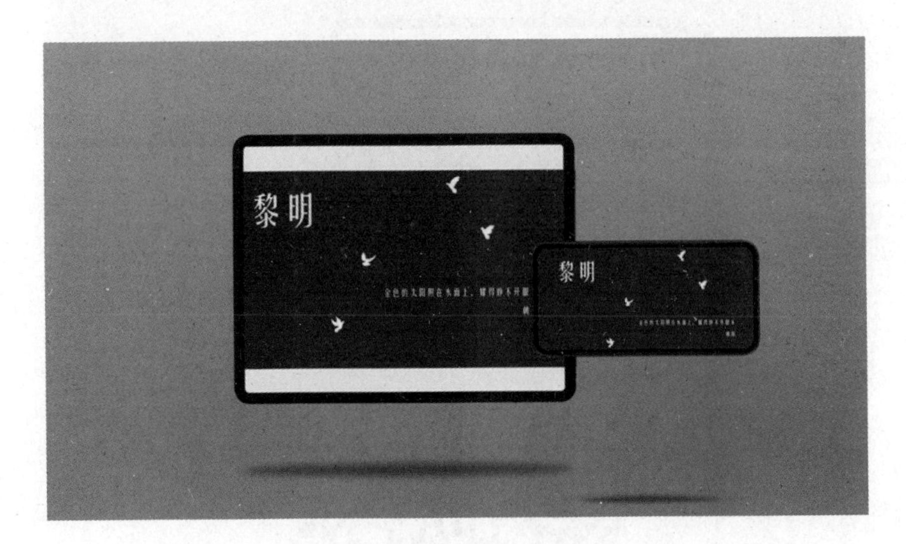
黎明
黎明

（作者：米宇、尤芳楠、侯晓云、李芷莹、柯童、卢嘉琳、苏颖怡、黎佳灵，指导老师：张菁秋）

图 4-23 《抗日英雄》

第三节　App界面设计中的相关因素

一、App界面设计中的注意事项

智能手机的使用通常显示在竖屏上，主要是用一只手完成的。因此，对于智能手机屏幕来说，通常屏幕顶部是眼睛的热区，后半部分是手部操作的热区。因此，通常将显示类型信息放在顶部眼睛的可视区，并将一些重要操作和按下按钮放在手机底部，方便用户操作。例如，在一些应用程序中，返回到上一层的键，以及一些重要的功能键显示在屏幕底部。

设计者必须能够在手机屏幕尺寸、合理完整的信息传输、用户的阅读和接受习惯、界面视觉效果的美学以及功能区的舒适性之间找到平衡点，并且要努力减轻用户的记忆负担，尊重使用者的习惯。在使用移动终端时,需要最大限度地减少用户的工时成本,提高产品的易用性,并保持用户创建的习惯,以确保快速、智能和有效地满足用户的需求。

在开发平台应用程序时,不要将视觉元素与不同平台混合。还要注意在版本更新过程中视觉样式的延续,重要的功能操作图标也要保持其一致性,以便在遵循用户以前的操作习惯的同时保持产品的基本功能。

由于屏幕较小,通常使用新的页面在手机中显示信息,这种方式称为“页面刷新”。例如,从列表页跳转到详情页就是一个很典型的例子,由于手机屏幕较小及竖屏使用的原因,这两个功能页通常会分别在两张页面展示,如果将这两层信息放在一个屏幕中显示又势必会遮盖住更多的有效信息,所以把这种方式称为“页面刷新”。

二、App 界面设计中的相关视觉因素

(一)图标

在界面中,图标是位于主屏幕上的应用程序图标。用户可以通过单击图标启动应用程序,图标是整个应用程序品牌的重要组成部分。当用户看到一个图标时,留下第一印象的是图标质量、作用和可靠性。漂亮的图标有助于增加 App 的吸引力。

与 logo 不同的是,图标通过视觉设计提供信息和指导,而 logo 则显示品牌信息,尺寸很小,其设计要求在用户面前更为精确易懂。logo 可以缩放图标,但通常图标更精确,不缩放。图标必须以一定的尺寸制作,因为缩放可能会导致信息丢失。

图标可以分为象形图标和表意图标。象形图标是通过与参考物体类似的构型来传递意义。象形图标包含许多基本的图标设计样式,如线形图标、面形图标、拟物图、填充图标、手绘图标、拟物图标等。表意图标更复杂,即使它们有基本的形状,但用户不能一眼就知道意味着什么,需要用户的学习。这里仅对象形图标作论述。

线性图标是目前最流行的图标之一。它是初学者更容易使用的图标。线性图标是一种由粗线和细线组成的图标。与面形图标相比,线性图标有更多的细节,线条图标粗糙结构化的形状可以有不同的视觉表

现。线性图标通常用于小功能输入，起指代功能。

面形图标是一种平面样式，是典型的图标之一，它是一种象形图标，探讨了真实事物提取的关键形式和特点。面形图标的特点是轮廓、颜色和较少的细节。面形图标通常用于程序符号或系统标志中。

拟物图是乔布斯时代 iOS 的代表，旨在创建类似现实世界的图标，帮助用户从现实世界走向虚拟界面。准图标的特点是：超现实主义场景，场景组合结构，质感表达，光学理性。

填充图标将线性图标与轮廓图标相结合，采用线性配置和内部着色。填充图标的特点是新颖和较多的显示空间。填充图标通常应用在比较有个性张力的界面设计中。

手绘图标是一种显示个性的手绘，具有极大的表现力。手绘图标具有视觉图像丰富细腻、感染力强、场景感强等特点。手绘图标通常用于游戏或手机主题中。

图标的设计要求。

(1)明确传递信息。图标作为快速消息传递的载体，其第一要求就是明确传递信息。如果图标不能正确快速地表达其含义，不能准确快速地引导用户进行操作，那么就没有必要存在了。

(2)功能具体化。图标表示产品的属性和功能动作。高质量图标应该允许用户第一次了解产品的特性和功能。在设计图标时，必须注意使用相关元素进行设计。这种设计方式可以准确、快速地传递产品特性。此外，图标设计必须能够表达高度丰富产品特性，以帮助找到最能反映产品特性的图形元素，并将该元素分配给设计。

(3)统一风格。在同一产品中保持相同的系统图标样式是很重要的。统一样式是保证设计质量的重要环节，大大提高了设计质量。统一风格具有整体视觉风格、网格系统统一、绘画方法统一等特点。

①视觉风格的统一。主要包括不同元素的统一，如角度、线条、平面、视角以及设计形式等。

②栅格体系的统一。栅格体系是统一的，以确保视觉尺寸的一致性。例如，谷歌正式为安卓系统开发了一个完美的栅格系统。栅格系统配置为方形、圆形、水平和垂直图标。因为不同图形的图标的视觉张力不同会给人不同的视觉大小，这套栅格就是为了能够保证不同形状下图标的视觉大小一致。

(3)美观大方。图标的美学决定了用户对该图标的感知，而优雅漂亮的图标大大增加了用户点击它的可能性(图 4-24),从而更有效地传达它所代表的意义。然而,对于一个产品,美必须服从功能,完成产品的任务总是第一位的。开发人员应该耐心地研磨图标,这样用户就可以少花费时间和精力方便使用产品。

图 4-24 不同类型的图标

(二)按钮

按钮是界面设计和交互的核心元素,它是用户交互时和系统交际交换中心,是图形界面的第一元素,也是最常见的交互对象。当用户面对界面时,用户会根据经验和视觉来评估当前界面的元素。

按下设计按钮时,设计者需要适当的视觉符号(如尺寸、形状、颜色、阴影等)。

按钮的样式主要如下。

(1)常规按钮样式。移动界面的按钮是启动某个动作的接触点。在设计按钮时,设计者应该尝试使用用户熟悉的设计样式,如矩形边框按钮(图 4-25)、圆形矩形按钮、填充色彩的按钮、阴影按钮、幽灵按钮等。

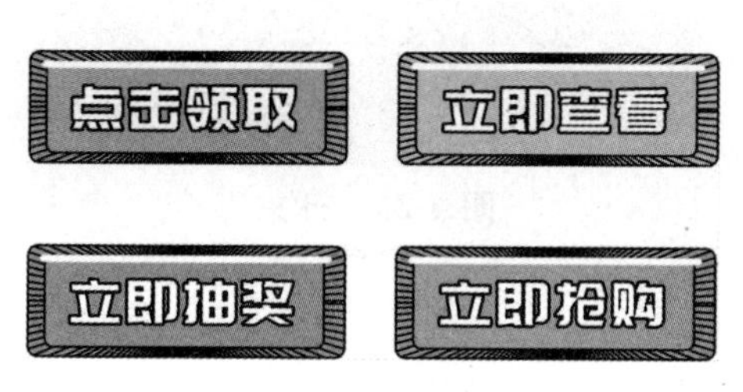

图 4-25　按钮

在这些常见样式中,阴影和填充按钮是用户最容易理解的。按钮本身的视觉特性很重要,而按钮附近的留白同样重要,这使得按钮更容易实现识别和交互。

(2)按钮的一般状态。操作过程中的按钮需要有反馈来帮助用户感觉动作和完成任务。按钮的一般状态是默认状态、悬停模式、点击状态、禁用状态、忙碌状态。

按钮的设计要求。

(1)明确的功能。清除功能,帮助用户快速完成任务。文本提示的准确性,合理的大小,充分的反馈和音效有助于明确按钮的功能。

(2)视觉图形。用户根据以前的经验,确定哪些界面元素可以按下按钮。适当的视觉符号(如大小、形状、颜色、阴影等)帮助用户识别按钮。

(三)开关

开关(图 4-26)经常出现在移动界面中,它允许用户打开和关闭某些功能或界面设置。这也是用户非常理解的元素。因为它很好地模仿了现实世界中人们所熟知的开关概念。在该构件的设计上,应特别注意"开"与"闭"状态在视觉上的区别应明显可见。这样可以避免用户花在检查开关状态上花费太多的时间。许多形式的对比或切换动画可以解决这个问题,从而创造良好的用户体验。

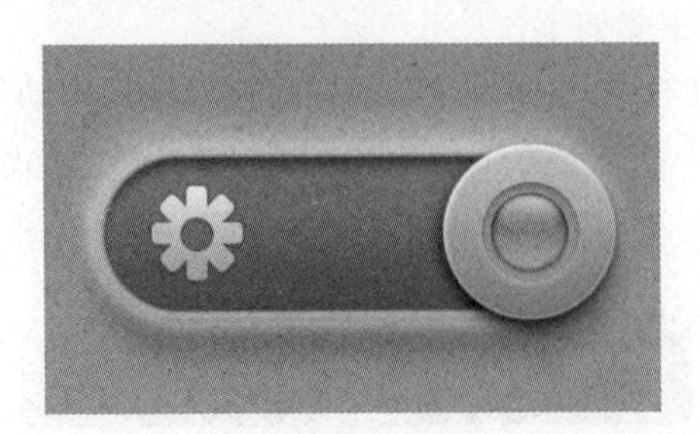

图 4-26　开关

开关主要有以下三种。

(1)复选框开关。通常允许用户在组列表中选择多个选项来控制功能或状态设置,从而可以节省空间。

(2)单独按钮的开关。单按钮开关只允许用户选择一组参数,通常显示点或钩。

(3)开/关按钮开关。开/关按钮通常用于打开和关闭功能,多个开关可能出现在同一列表中。开启通常指开启及操作,打开任何选项后,将有后续操作。关闭通常意味着关闭某项功能,以及关闭功能下设的选项。

(四)进度条

进度条由用户在输入界面或输入缓冲区和加载信息的应用程序过程中显示。它以百分比显示当前进度,允许用户获取相关数据和进度。无论是 App 端迁移还是 PC 端迁移,进度条的适用范围都非常广泛和多样。

工作时间表主要包括以下两种类型。

(1)线性进度指标(图 4-27)。线性进度指示器,一般以线条展示,其执行速度应与百分比变化相匹配,并且始终从 0 增加到 100%,而不是减少。如果指示器针对多个线性任务,则只应使用一个指示器来指示任务的总体进度,而不是每个任务。一些线性进度指示器显示信息加载的百分比,有的则只包含一个进度条,用户只能观察行的长度来近似加载进度表。

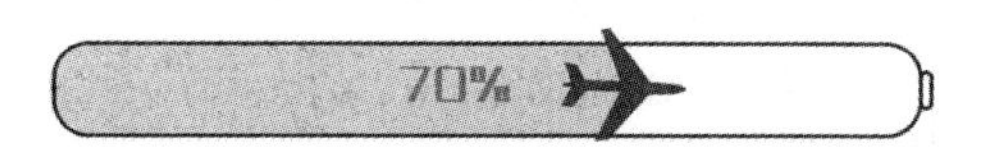

图 4-27　线性进度指标

（2）圆形进度指标。圆形进度指示器可以与有趣的图标一起使用，也可以更新图标，其设计大于线性进度指示器（图 4-28）。例如，在 Android 平台上，圆形引导加载程序可能是通过悬浮按钮整合进来。这允许用户在下载后查看操作。它依靠一个圆形的逐步闭合来代表这个过程。

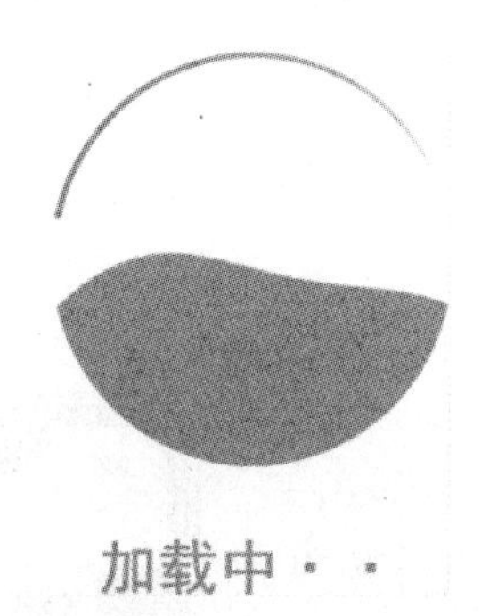

图 4-28　圆形精度条

（五）搜索栏

在复杂的界面中，搜索栏通常是最常用的基本视觉元素。当用户遇到相对复杂的界面时，会立即利用搜索栏以达到搜索信息的目的。在设计界面时，可以考虑放置搜索栏以方便使用（图 4-29）。

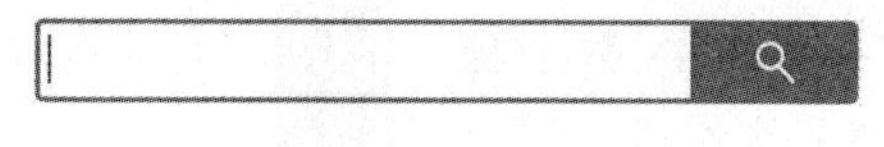

图 4-29　搜索栏

搜索框架要素。

（1）放大镜图标。在交互式界面中，即使没有文本标签，用户也可以很容易地识别出代表放大镜图标的搜索功能。在设计搜索框时，细节越少，放大镜图标越少，就越容易识别。

（2）语音搜索按钮。搜索按钮的存在允许用户了解如何启动搜索，即通过单击按钮执行此操作。结合智能手机的语音识别功能,搜索按钮的设计不仅要输入文本,还要添加语音搜索按钮。

(3)可见的地方。当搜索是应用程序的重要功能时,搜索字段必须足够突出,以帮助用户检测其存在。通常右上角是用户输入字段的首选。在用户搜索该位置的搜索框时,将输入框放在右上方或中间位置的顶部。显示完整的文本输入字段也很重要。隐藏按钮后面的输入字段容易被忽略,不容易查找,用户只能在点击后才能看到。

(4)合适的尺寸。输入框太少导致输入内容不能完全可见,这是设计搜索框时常见的错误。这样的输入字段可能会由于可见范围的限制而导致使用短而不准确的用户查询。如果输入字段与用户正常输入内容的大小匹配,那么它将更容易访问。

(六)列表框

列表框是一种导航模式,由一个元素和另一个元素按字母顺序、数字顺序甚至随机排列而成。列表在移动界面设计中很常用,垂直滚动菜单模式非常适合用户操作和读取,列表比网格占用的空间更小,当文本较大时,使用表格布局将是正确的选择。这样可以有效地浏览并节省屏幕空间。

列表结构不同于网格布局,这种导航模式由按字母顺序、数字顺序甚至随机排列的元素组成。

使用垂直滚动菜单时,列表非常适合用户和阅读。列表中可以有许多不同的选项,如产品列表,甚至下拉菜单。列表比网格占用更少的空间。如果内容包含大量文本,则可以选择列表的位置(图 4-30)。

(作者:张新幸,指导老师:张菁秋)

图 4-30　列表框

（七）标签栏

在移动设备应用程序中，标签栏可以在不同的视图或功能之间实现（图 4-31）。切换操作，以及查看不同的数据类别。它的存在使界面信息更加规范化和系统化。这里需要注意的是，标签栏不同于用户在不同子任务、面板和模式之间切换的工具栏。工具栏位于用于控制当前屏幕对象的节点上，在苹果手机 iPhone 界面上，工具栏位于屏幕末尾，而苹果平板电脑上的 iPad 选项卡面板可能会出现在其他地方。

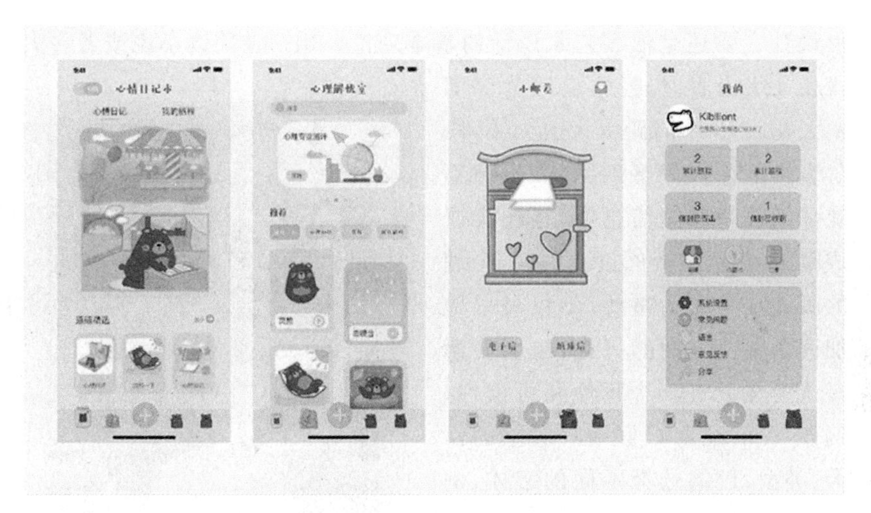

（作者：李芷莹，指导老师：张菁秋）

图 4-31　标签栏

在移动应用程序中，选项卡行允许用户在不同视图或功能之间切换操作，帮助用户查看不同的数据类别。它的存在使界面信息更加系统化和可调节。两个选项卡之间在内容上可能存在显著差异。标签必须对内容进行逻辑结构分类，并在其中进行有意义的区分。分割方法可以是图标或单词的组合，必要时可以使用混合方式显示某些提示。

三、App 界面设计的要求与核心

(一)App 界面设计的要求

对于界面设计师来说,需要有一定的艺术功底、文化内涵、审美情趣等综合能力。在手机上的版式设计,它不同于广告单、宣传册、书籍的设计,里面的文字排版、图形图标的设计相当考究,要深思熟虑,反复推敲。

第一,用户为先,考虑用户的使用习惯,用户阅读的文字信息和图形设计主要还是依靠艺术设计的基本理论。用户在阅读小说或者一大段长文字内容时,经常会因为字间距太宽或太窄,行距太大或太小,段落编排不合理等感到困扰,不但不能仔细地阅读完信息,而且还会造成眼睛疲劳,放弃阅读。因此,合理的版式设计尤为重要,不仅可以增加读者阅读方面的兴趣,也会使读者认为文章有其合理性和可读性。例如,App 还要根据用户对象的年龄、类型、目的选择不同的字体,例如在"决战高考"App 的设计当中,可以采用"粉笔字体"和稳重的黑体(图 4-32)。在传统文化的 App 设计中,要使用我国特有的书法字体方能彰显其文化底蕴(图 4-33)。在购物 App 中,字体要尽可能的鲜明、抢眼,甚至采用适当的夸张(图 4-34)。在与儿童相关的 App 中,可爱稚嫩的童体字一般会成为其首选(图 4-35)。

图 4-32 "决战高考"App 的界面设计

图 4-33　传统文化的 App 界面设计

图 4-34　购物 App 的界面设计

图 4-35　儿童相关 App 的界面设计

第二,色彩,起着渲染、点缀、衬托审美艺术的作用。色彩是光线照射到物体后视觉神经产生的感受,一名优秀的设计师能够让其丰富多彩,充满活力,因此一个合格的界面设计作品是离不开色彩烘托的。当然每个人对色彩的喜爱是不一样的,年龄、文化、性别、兴趣等的不同,就会产生差异。为了能够适应不同用户的不同品位,设计师应该选取大众为用户群体,遵循设计的普遍原理,设计出能够适合普遍用户的作品。一般来说,每个 App 的设计都应该为自己设定一个主色调,主色调的选择要根据品牌的内容、用户群以及目标氛围等不同而有所不同。蓝色给人的感觉是广阔、深沉,在科技类 App 中比较常用(图 4-36)。绿色给人的感觉清新迷人,在少女美妆 App 中比较常用(图 4-37)。紫色往往象征着高级,光晕的变化有一股流动着的灵动之气(图 4-38)。黄色 App 给人的感觉朴实、温暖,往往在生活服务 App 中比较常用(图 4-39)。

第三,图形和文字的结合,能够更加形象准确地传达信息,能够更加吸引用户的注意力,醒目的文字与简单的色彩搭配设计,更能吸引用户的目光,传递重要的信息,从而也获得用户们的认可。

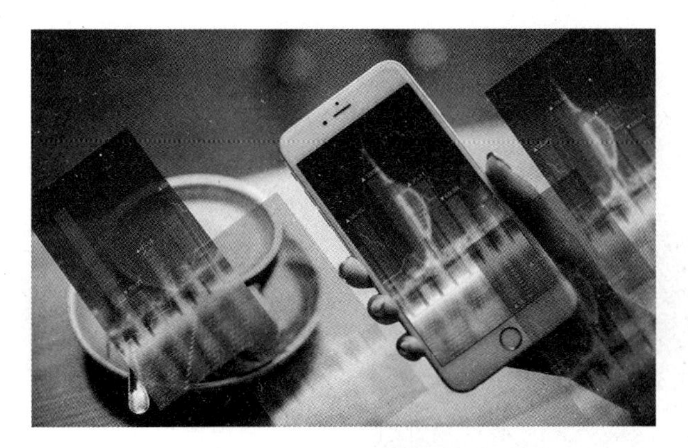

图 4-36　蓝色调的 App

图 4-37　绿色调的 App

图 4-38　紫色调的 App

图 4-39　黄色调的 App

(二)App 界面设计的核心

在智能手机软件产品的界面设计中以用户为核心,而界面的设计性、情感性和易用性等都是界面设计的基础来源。在智能手机软件产品的界面设计过程中,需要从多方面考虑,总结用户使用习惯,并将理论性的知识与实际设计操作相结合,同时还需要考虑到以下几个因素。

(1)设计性是指界面设计的基础部分,这一部分包含了多方面的设计,有界面设计的功能性,还有界面设计的实用性。界面设计的设计性应用,首先要让用户容易理解如何操作使用该产品,其次是简单、快捷、高效地将该产品界面下的信息传达给用户。

(2)环境氛围渲染是界面设计的一种表达方式,界面的环境设计是很有内涵的,富有信息量的。一个界面设计的主题在视觉效果上应该是丰富多彩的,应该是经反复斟酌推敲的。所以对于一个界面设计师来说,必须拥有较强的美术功底和艺术欣赏能力,以及深厚的文化底蕴。

(3)用户情感传达是指界面设计给用户传达的一种思想与情感。设计师通过界面设计将其传达给用户,让用户在使用过程中感受到产品的文化内涵。当然,有时候设计师通过界面传达情感时会与用户的体会有所偏差,因此,设计师在设计产品时必须先要考虑到用户的体验和感受,通过各种调查、统计、信息反馈来确定用户的体会,做到设计与用户情感相一致。

第四节　App界面设计中的原则

一、可用性原则

在App方面,除了利用和扩展其最终特性外,还应注意其自身特性以及如何使设计的产品更容易获得。对于一个产品来说,它的可用性和便利性无疑是提高用户体验的重要组成部分,产品设计师在设计产品时不仅要考虑到它的视觉效果,更重要的是在产品的使用和操作过程中要考虑到用户的心情和体验。例如,需要考虑的细节包括产品传输信息的完整性、页面和卡片出现的及时性,以及如何更改卡片上的提示语言。因此,产品的"可用性"对于衡量用户体验非常重要。产品的可用性主要是指产品和系统的质量和易于获得的指标,以及其有效性、易学性、效率、良好的记忆力和用户满意度等。

二、准确性与便携性

移动终端最明显的特点是其在使用过程中的碎片化,以及用户可以在不同的场景中使用该产品。因此,如何确保用户能够在各种场景中准确地操作界面,并获得正确的操作反馈来解决用户的问题是每个设计师都需要考虑的问题。手机的使用频率可能相当高,因为它本身就是一种有效的设备。

对于手机的使用,可分为内部和外部两类。室内环境稳定,互联网可以使用WiFi,用户可以集中精力准确使用产品。这通常发生在用户休息和下班后,大多数用户使用产品时都喜欢沉浸在游戏和视频中,而且通常要依靠稳定良好的网络环境才能正常使用,而且在沉浸过程中,用户特别反感被频繁打断。外部环境比较不确定,网络环境不稳定,因此当网络薄弱时,需要及时报告下载状态或使用快速版本,以确保用户使用方便。因此,在户外使用产品时,一般应避免淹没更强大的功能,且界面主要应是图像、文字,很少会有视频等昂贵的流媒体功能。在这种情况下,设计者必须确保产品能有效地满足用户的需求,如果由于特殊情况,用户被迫中断活动,产品应及时收到反馈,以减轻用户的焦虑。

对准确性和敏捷性的理解可分为以下几点。最容易理解的是,人机交互时,必须给用户正确的指导,而在不同的环境下,产品界面必须不同。这意味着在设计产品时,设计者将需要为不同的场景和情况处理图标、按钮和不同的界面元素,然后单击它们以正确地跳转页面,这样用户就可以被带到新页面进行操作。这是产品可用性原则的重要组成部分之一,同时也是非常重要的。因此,交互过程中的产品按钮和控件通常分别存在以下状态。

(1)按钮点击前的状态(默认状态)。

(2)按钮点击时的状态(触摸状态)。

(3)按钮不可点击的状态。

例如,在付款过程中使用银行卡时,通常会对银行卡进行检查,而所选择的银行卡的余额比付款所需的多,下面会出现“选择和付款”字样,按钮可能会变色,甚至可以被设计成引导用户按下按钮。反之,如果银行卡之间的选择少于支付所需的金额,则下一个按钮将变为灰色,用户不能简单地按下并操作。因此,这是产品准确性和简单性的重要表现之一。如果设计的产品按钮根据不同的情况与交互式样式没有区别,那么用户在执行操作过程中可能会经常出错,这会给用户很多错误的指导,甚至给产品带来毁灭性的打击。因此,基于这种可访问性原则,设计者在设计第一款产品时必须是用多维思考的,要注意控件只能通过可点击与不可点击两种状态对相应的交互样式来访问。

在手机界面设计中,除了要遵循“精确易用”可用性的原则,还有需要注意减少页面数量以减少用户的时间。众所周知,手机以“页面更新”模式显示一个新的页面,这主要是因为它们的屏幕尺寸小,所以需要找到一些方法来减少当前产品中的页面数量,这样可以提高用户的效率。

为了证明这种简单性，可以提供以下解决方案来优化产品并提高其可用性，其内容包括：在传统的交互式模式中添加更省时的交互式方法，如语音、动态捕获、指纹识别、面部识别和视觉识别等。

通常，在供第三方使用的 iOS 系统中，面部识别在付款时总是最重要的，因为这种验证方法是最安全和最快速的。此外，面部识别是苹果手机提供的最重要的功能界面之一，如果面部识别出现问题，可以使用其他支付方式。

此外，"准确和简单"的概念可以通过信息传递来解释。对于智能手机私有化现象，准确、快速的信息传输是产品真正的主要需求。所以产品如果能为用户过滤筛选信息，就变得很人性化了。试着猜一猜，如果看到的信息是通过过滤得到的，那么用户阅读起来会更容易、更快。

移动互联网的特点之一就是"个性化定制"，通过对用户使用产品记录和研究用户的需求，可以推送不同的消息给不同的用户，实现信息的"不同方式"分配。因此，信息的个性化和传播应该是未来用户层面产品发展的必然趋势。

综上所述，准确性与便携性原则需要注意以下几点。

(1)产品的可视化控件必须根据不同的场景和匹配来设计和调试。

(2)当用户不了解产品的信息时，可能会增加用户的测试成本，使产品能够为用户提供一个尝试的机会，帮助用户选择更佳的产品和更准确的信息。例如，淘宝实验平台和淘宝直播功能植入可以增加用户和信息源之间的同步接触。

(3)互联网信息形式的"个性化"也会使信息更准确地与用户匹配，提高用户体验。

三、一致性原则

对于一致性原则的理解，主要可以分两个部分。

(一)视觉一致性

(1)在产品的可视化设计中，必须根据控件的功能进行区分，以确保界面样式与界面效果和形状一致(图 4-40)。

图 4-40　视觉的一致性

(2)对于某一种产品来说,其视觉效果主要是根据产品的服务特点和产品行业来确定的,因此色彩、形状等视觉元素有很大可深入研究的空间。例如,当设计师准备设计一款运动体操界面时,他们的视觉风格必须以干练、力量以及清爽等关键词来进行设计。

因此,为了确保产品控件的可视化兼容性,当产品设计完成后,将专门设计其可视化"规范文档",以便与工程师顺利对接。另一个动作是,在产品更新时,由于新页面的修改,设计还可以确保其视觉效果的匹配,并在视觉上适应用户的习惯。此外,也会对产品中常用到的一些公共控件、标准色以及标准文字的组合以及使用规范进行重点标注和归类。

(二)操作方式的一致性

操作方式的一致性也是产品"一致性"原理的一个非常重要的组成部分。例如,用推送过程中的信息来显示动作效果,当用户点击列表或按钮时，响应应该是不同的，并根据选择与点击不同控制功能，显示相应的效果。这在iOS和Material Design设计语言中都有明确规定。

再举一个大家熟悉的“侧滑式”方案的例子，根据这个方案，用户通常使用默认的弹出滑动方向：从左到右，启动滑动布局的图标必须与滑动位置相匹配。因此，如果其他次要页面上也有滑动图，则希望侧滑动方向和效果与当前页面一致，用户在交互过程中会感觉更加统一，体验也会更好。

四、可逆性原则

从字面上讲，可逆性原则是“往返”，也就是说，在产品的第二页上，需要添加可以返回到上一层“返回”的元素，以确保用户在产品交互过程中的完整性。

事实上，移动产品的“可逆性原理”不单是简单地添加了返回键，更深层次的意义是可逆性原理，它体现在产品出现问题或在使用后用户达不到预期效果，而本产品却能提出解决方案，以避免和减少用户的焦虑。如果用户在使用产品时希望返回，应该有两个原因：(1)操作完成；(2)操作失败或者信息推送结果与用户需求不匹配。

当出现第二种情况时，产品只能“后退一步”解决问题。在产品交互过程中，有一个叫做“用户虚拟过程分析”的工作环节，设计者会对用户与产品交互时的各种情况进行标记，如用户在当前页面上成功运行时，用户将进入哪个页面。当操作失败或操作结果不符合用户期望时，用户将停留在当前页面或跳转页面。图4-41显示了“用户虚拟过程分析”。

当用户不在搜索页面上搜索想要的结果时，产品不要只提供返回键让用户返回上一个级别的页面，这会增加用户的时间成本，也会增加用户的焦虑，甚至会产生对当前产品的不信任。因此，目前需要为用户提供几种解决问题的方法。例如，需要分析用户在输入关键字时是否正确输入，并提供可能适合某些相关关键字或用户输入的搜索的信息。再如，根据用户输入的推荐相关产品和信息的搜索关联，增加了“推荐”功能，以减轻用户的焦虑感，解决问题而无需翻页。

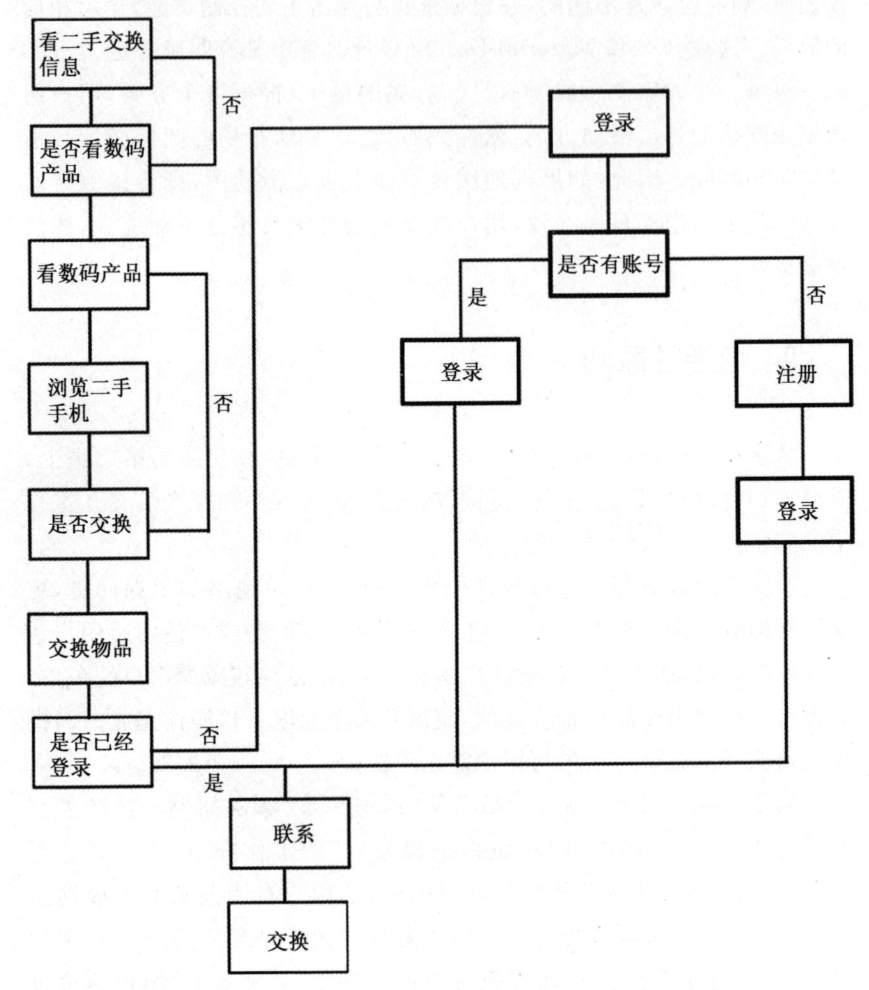

图 4-41 用户虚拟过程分析

设计者在设计产品可逆性时,必须充分考虑到当用户无法操作时产品是如何处理的?如果这一部分没有得到充分考虑,那么产品注定无法满足用户的需求。因此,产品的“可逆性原则”是决定产品的易用性和可用性的决定因素,也是在人机交互过程中产品与用户之间快速建立信任的能力,毕竟产品设计的主要目的还是解决问题的能力。

五、容错性原则

容错性是指产品处理误差的能力，即在处理产品时发生误差的概率以及误差出现后消除误差的概率和效率。容错性最初应用于计算机领域，它的存在保证了系统在发生故障时不会失去动力，并能正常工作。产品兼容性设计可以方便产品通过产品与用户或人的沟通。因此，设计的原则是非常重要和不可替代的。再者，优秀的产品也不能保证用户在操作过程中不会犯错误，所以容错性的原则应该是设计师特别关注的问题。

目前，人们越来越重视产品中错误的可接受性，这无疑会给用户体验带来灾难性的后果。事实上，“容错性”是一个非常重要的可用性单元，其主要功能是在用户进行重要操作或操作错误时向用户提供必要的建议，以避免严重的操作中断而导致不必要的损失。这一原则在计算机上呈现的传统互联网系统中得到了广泛应用。例如，当用户使用 Windows 系统时，如果用户希望执行“完全删除文件”命令，则在删除文件之前会出现是否完全删除的提示，以便给用户一个缓冲区。虽然这是交互设计中一个非常微妙的细节，但为了有效避免用户错误删除重要文档，它的作用非常重要。

容错性设计原则主要可以总结为以下几个方面。

（一）引导和提示

产品链接后，许多用户将下载和使用。在这些用户中，很大一部分是初级用户，因此这些用户能够快速工作和使用产品是非常重要的。例如，当第一个用户将此产品用于某些主要界面时，会出现一个包含详细说明和指南的页面。

为什么需要这种互动？由于普通用户和专业用户可能已经多次熟练地使用产品，因此对该过程有了更深入的了解。对于初学者来说，使用过程是学习和认知的过程，而正确的指导和提示则大大降低了用户的操作和学习成本。此外，如果没有结果或搜索结果与用户不符，则可能会因用户错误而智能地将产品定向或推荐给用户。

(二)限制操作提示方案

如何避免用户设计错误,在产品交互过程中限制操作或限制提示是一个非常重要的方法。为避免错误,设计者可设置障碍或提出限制性要求,以减少用户在操作产品时所犯的重大错误,特别是注意以下几个方面。

(1)增加一些无法修复的困难,以避免用户操作中的错误。在产品设计中,主要是通过设置障碍物或直接禁止某些可能导致错误的操作来避免重大错误。事实上,这是一个非常常见的做法。例如,使用苹果手机时,卸载和卸载桌面上的应用程序时,为了避免出现用户卸载源应用程序如"短信息""照片"等的情况,卸载按钮在卸载界面时没有显示。从而有效避免上述情况的发生。

(2)在不适合操作的环境中,可以适当地限制用户的某些交互操作。这个概念的实质是根据产品的情况来获取和显示各种交互样式,给用户一个提示。设计师通常会使用一个不能执行的元素来告诉用户当前功能不能执行。例如,当用户执行移动登录功能时,在登录页面上,只有当用户正确填写用户名和密码时,登录确认按钮才会变成点击。如果这些消息中的任何一条出现错误,登录按钮就会变灰,以指示用户无法使用此功能。

(3)反馈和帮助的提示卡片。

①遇到用户出现一些错误时,及时反馈并帮助纠正错误。

②在提示卡中必须说明:提示方案、提示错误和原因、解决方案和设置视觉符号以控制用户的方法。

例如,当用户在非 WiFi 模式下观看视频时,会出现相应的信息卡,以避免用户不必要的开销。在卡片上的提示过程中,产品会建议用户节省流量,所以在提议的解决方案中会将"我要流量"按钮的视觉效果更加明显,以引导用户点击。实践表明,用户可以有意识地点击控件,因此需要设计师在选择控件时向用户提供多个选项和提示。但如果操作中的错误还是不可避免的,那么一个合适的提示则可以减少用户的失望感。

以搜索功能为例,当用户使用一个产品进行搜索,但没有搜索到他想要得到的结果时,设计员应及时分析产品需要用户没有找到可能产生相关信息的原因,并就有关资料提出必要的建议。查询时应简明扼要,并应有适当的道歉，以减轻用户的内心焦虑，甚至直接提供“网上咨询”以补偿此类功能。例如，对于设计提示中的一些搜索失败，色彩通常采用较平静的暖色调。有关卡片错误的信息应以易懂的语言表达，不应使用过于专业的语言，以此避免增加用户的焦虑。

出现在错误反馈卡上的文字必须清晰准确，以便用户了解错误的原因并正确评估和采取下一步行动。在移动终端注册过程中，当用户输入的密码不符合要求时，用户将使用红字指示用户反馈错误及其原因，然后用户将知道问题在哪里以及如何更改。因此，应对用户操作中出现的错误及时予以警告并提出相应的解决方案，避免出现可能给用户带来麻烦的严重错误。

六、提示语言的亲和力

事实上，“语言亲和力提示”是对“允许出错”原则的又一补充，这主要是在用户指导下对产品提示语言进行规范，以减少和减轻用户在出现错误时的焦虑。因此，提示输入字段中的语言描述被用来使用具有亲和力的语言，还可以结合热词来安抚用户的情绪并提出解决方案。

错误信息必须是友好的，没有指责用户。如果按照可用性理论，用户永远都会得到服务，只有产品问题需要不断优化，也就是说，不要试图从用户身上找出问题，只有产品本身无法正确解读用户的行为。因此，与其将错误信息归咎于用户，不如更坦率地为用户解决遇到的问题，并以实用、接近的语言为用户提供“情感支持”，积极发现和解决用户遇到的问题，以有效地克服强烈的负面情绪和刺激失败。在这样一个偏爱“服务架构”的时代，设计产品必须考虑到更全面彻底的用户体验才能与用户相关联，因此错误修复和警告提示无疑都很重要。

应使查询中的错误信息具有建设性，以帮助用户解决问题。在与用户打交道的过程中，应使错误得到及时反馈和提示，用户能尽快发现错误。同时要及时帮助纠错，优先安排系统自动纠错，如果没有帮助纠错，即使用户犯了错误，及时纠错也显得极为有效。

七、产品的易学习性

好的设计往往伴随着创新,充分考虑到用户使用的体验,以及设计师必须考虑的一个重要因素。如果产品的一个主要功能可能需要花费大量的用户培训费用,用户在操作过程中感觉不好,那么用户会选择放弃该产品。

设计师在升级产品时离不开“创新”,但在引入新功能之前,经常需要不断检查如何尽快使用户满意,降低用户的培训成本,提高产品的可用性。也就是说,在不增加用户培训成本的情况下进行创新是最好的结果。例如,微信就是这种情况,“语音聊天”功能的加入,方便了使用移动终端的用户之间的通信,对用户来说是一项巨大的创新。

产品的“易用性”主要表现在以下几个方面:借助形态语言、功能语言、动作语言等,进行人机交互方式的补充,也就是互动的方式应该更加多样化,设计的眼光也更加宽广,需要更多地挖掘用户本能的一些反应作为主要的操作方法。“言语翻译”是一个非常典型的案例。以“讯飞输入法”为例,用户可以通过对话完成文本输入和编辑。这样就大大降低了用户的操作和修改成本,提高了产品的可用性。因此,更好地平衡“功能创新”“学习成本”“使用习惯”之间的关系。

产品功能的升级和用户的快速使用是吸引用户和提高用户保留率的重要标准。因此,该行业可以不断提供易于量化的功能,其本质还是由于手机等智能产品的使用场景的碎片化以及时间的不定性造成了产品的功能要求更加高效,也更要方便用户快速上手使用,以减少用户的学习成本。

在产品设计过程中,设计者不仅要考虑产品的视觉效果,还要考虑它在产品使用场景、用户操作方法和信息传递方式等方面对用户的影响。因此,设计者在产品设计和规划过程中,必须不断总结产品可用性的原则,使其更适合使用,并尽可能避免基于其主观感知而片面地设计产品,使其真正成为“以人为本”的设计。

第五章 日常生活中交互设计的应用研究

我们日常生活中使用的许多设备都离不开交互设计。交互设计需要满足不同场景与不同用户的需求。具体而言,交互的任务之一就是让用户快速、顺畅地完成任务,以保障用户体验和产品口碑不会受到影响。当今,交互设计已经与人们生活紧密相联,并逐渐融入艺术、技术、时尚等元素。交互设计融入日常生活,是时代发展的需要。随着公众审美和客户需求,交互设计的精神和价值将成为设计的核心要素。本章将对日常生活中常见的几种交互设计展开论述。

第一节 平板电脑中的交互设计

一、平板电脑中的交互设计流程

平板电脑中的交互设计流程可以分为设计研究、原型制作、设计评估三个阶段。

(一)设计研究

设计研究包括确立用户需求、概念设计等内容,使用观察法、用户访谈法、问卷调研法、卡片法等进行用户调研、任务分析、数据分析,从而达到明确用户需求及系统功能的目的。

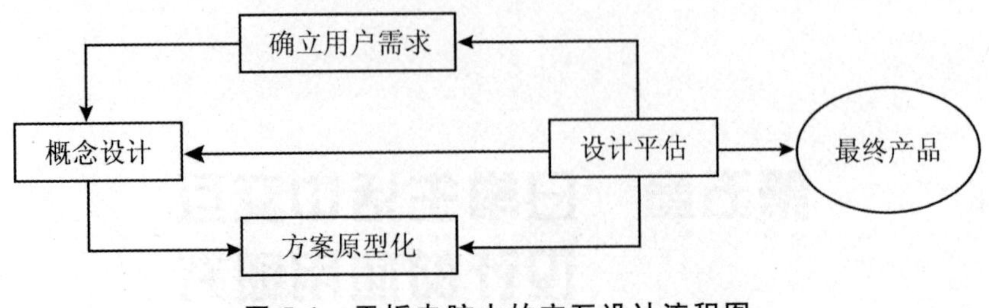

图 5-1　平板电脑中的交互设计流程图

设计研究是设计前期阶段重要的内容,是整个设计的基础,且决定了后期设计的方向。

(二)原型制作

交互设计中的原型制作很重要,而且在一个交互设计过程中不只制作一个原型。原型的目的是把前部分的设计研究内容具体化、实物化,以便为产品的最终实现而进行更好的修改、评估。纸上的原型是对设计思维的呈现,便于对设计想法、设计过程进行检查。原型一般分为低保真和高保真两种类型,使用的工具也很丰富。

1. 低保真原型

低保真原型制作不宜太复杂,目的是以快速而便捷的形式展现设计初期的想法构思。原型是一个不断更新迭代的阶段,低保真原型最便捷的方式是在纸上画原型图或以拼贴的方式来制作。

2. 高保真原型

高保真原型是在低保真原型通过不断迭代之后形成的。高保真原型主要用来检验系统中的信息设计、交互设计及视觉设计的细节,所以也是最接近最终版本的。

(三)设计评估

评估是为了进一步检验设计实现的合理性及用户体验感受。交互设计是一个较为复杂的过程，许多深层次的问题在设计过程中较难显现，需要通过组织专门的设计评估才能发现。

可以组织用户进行测试评估，观察其操作使用系统的过程。设计评估是否有成效，将决定整个交互设计的成败。

二、安卓平板电脑交互原型设计步骤分析

经过大量的调查研究与资料搜集，目前的平板电脑，多数属于商务人士使用，男性居多。要拓展新的市场就要考虑更多人群，因此为女性量身定做一款平板电脑的交互系统，成为目标人群。通过对不同身份的女性的生活形态进行对比。人物的定位锁定了都市白领女性。她们需要商务功能，这是平板电脑固有的特性，并且都市白领女性减压娱乐的需要也是很强烈的。在工作之余经常会使用平板电脑打发空余时间，也会使用平板电脑进行通信或会议记录等，再加上这类人群追求个性化，这为交互设计预留了很大的空间。

因此把都市时尚女性定为设计的主要人群，并且以高贵典雅的紫色为主，并且由于女性大多偏爱珠宝或闪光的饰品，结合了珍珠的闪亮作为点缀，注意女性在休闲娱乐时的舒适状态的视觉效果；还运用了大量的扇形形态，体现女性柔美之感。

设计的基本框架：以独特的色彩形式设计一款交互系统，以安卓平板电脑为媒介体现。设计了包括开机界面、主机界面、关机界面和天气、日历、浏览器、音乐播放器、文件整理的各种操作界面。

设计主要运用到的软件包括：Adobellustrator CS6、Adobe Photoshop CS6、Adobe Flash CS6、AdobeSoundboothCS5。

（一）背景资料搜集与分析

通过对设计界面的定位，需要搜集大量的背景资料和设计过程中所需的资料。通过搜集资料和实际操作了解一个完整的 Android 系统的操作形式，系统中所必备的一些操作程序和主要功能，必备的系统按键及系统标志等。在设计时，会将时尚女性最常用的功能更清楚、简便地呈现。

(二)用户需求分析

通过虚拟人物得出结论,发现现代的都市时尚女性更加注重生活和精神上的满足。工作娱乐两不误,适合操作简单快捷和更加人性化的设计。因此在设计时,会将时尚女性最常用的功能更清楚、简便地呈现。使最终设计的界面操作系统更加符合女性需求,更加人性化。

提出的设计关键点:设计风格采用扇形、旋转式操作,以紫粉色为主,有闪亮的物件,这样就使交互系统使用起来更加绚丽。

(三)故事版

在确定适用人群后,为了更加明确时尚女性一天中会使用平板电脑的什么功能,通过绘画故事版,其中设计了几项爱国者平板电脑的基本功能上的应用。假设了时尚女性在一天的假期中,对这几项基本功能的应用,这些功能可以丰富时尚女性一天的生活,使之不再枯燥,并且为她们提供了更加方便快捷的选择。

(四)流程图

通过对故事版的分析和对爱国者平板电脑使用程序的资料收集,最终总结了几点平板电脑的必备的操作程序,包括第一级是和主菜单并列的实用功能,如天气、通讯簿、日历。第二级是主菜单中的各种应用软件的分类,包括专为女性设计的添加专栏,时尚女性可以在里面添加自己喜欢的功能软件和杂志。第三级为各种实用软件。

(五)纸模型

通过故事版确定好设计的几个重要的功能界面,为了能更好地确定这几个功能的使用方式,每一个界面中会有什么按键与图标,每一个图标会应用到什么样的动画方式,每一个界面之间有怎样的过渡效果等,这些细节设计可以通过制作纸模型的方式来确定。

这样在应用 Photoshop 和 Flash 制作时,设计者会有一个更加清晰的思路,使制作界面与动画时更加方便,还可以增加制作效率。

三、iPad 交互设计要素

（一）iPad 的特色和局限性

就屏幕尺寸来看，iPad 9.7 寸或者 10.5 寸的屏幕或者 12.9 寸，虽然不及 PC/Mac 最低 13.3 寸的标准，但是远比手机的屏幕尺寸大（如果对 iPad 尺寸没有概念的话，拿出一张 A4 纸作为参考即可，iPad 9.7 寸相当于 A4 纸大小，当然屏幕显示范围没有那么大）。这意味着 iPad 比手机单位屏幕能显示的内容要多得多，iPad 这一特点很适合阅读类的产品。例如，把和 iPad 屏幕差不多大小的杂志产品搬到 iPad 屏幕上，既保留了杂志的阅读体验，又兼顾了便携性。

较大的屏幕尺寸，毫无疑问，能给用户带来更好的感官体验，想当初乔布斯主推的"3.5 英寸是手机的黄金尺寸，更大的屏幕愚蠢至极"，也在手机大屏幕化潮流下败下阵来，2017 年爆款 iPhone X 更是史无前例进化到了 5.8 英寸。大部分应用，尤其是娱乐类应用，都可以在大屏中获得了更好的沉浸式体验。

在便携性方面，手机＜iPad＜PC/Mac，意味着 iPad 能适应更多场景的使用需求。例如，作为一名学生，把 iPad 带到课堂当中就是学习笔记（图 5-2），回到宿舍就变成了娱乐设备，学习、娱乐两不误；如果外出旅行，也可以把 iPad 带上，充实旅途。

（二）iPad 界面设计尺寸规范

1. iPad 设备尺寸及分辨率

截至 2022 年 7 月，iPad 在售机型有 12.9 寸 iPad Pro、10.5 寸 iPad Pro、iPad air、iPad mini4、iPad，历史售出的 iPad1、iPad2、iPad Air、iPad mini2 等机型也集中在 9.7 和 7.9 英寸这两种设备尺寸，唯一区别是新款 iPad 显示屏效果更好，也就是 Retina 显示屏，分辨率相比旧款 iPad 而言会更大。分辨率的大小会对界面尺寸、图标尺寸产生影响，但一般可以通过输出不同倍数的设计稿来解决适配的问题。

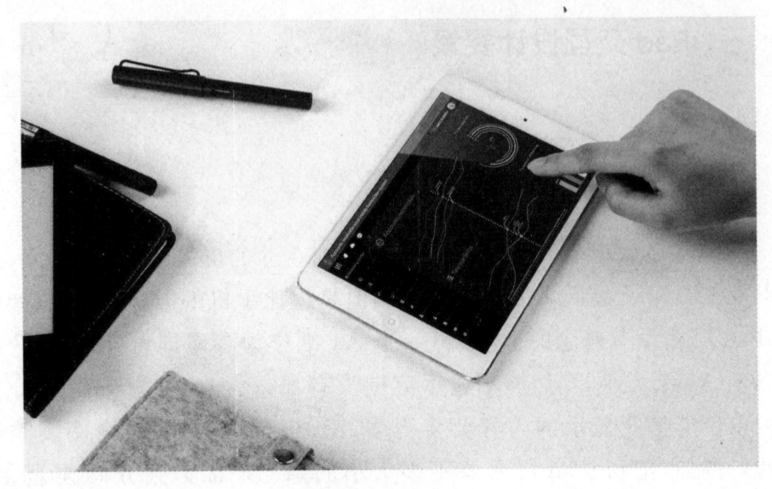

图 5-2 iPad 学习

现行 4 款机型的分辨率如下表 5-1 所示。一般来说,我们可以用 pt 的尺寸做设计图,然后输出倍应满足不同设备分辨率的尺寸要求。举个例子,在 Sketch 中,可以使用 768×1024 这个尺寸作图,然后输出 2 倍图,即可输出 iPad mini 和 iPad 的设计稿。至于 iPad Pro 的适配,就是另外一个话题了,这里不做论述。

表 5-1 设备尺寸及分辨率对应关系表

设备名称	设备尺寸	竖屏 pt(point)	竖屏分辨率(p×)	倍图
iPad Pro12.9	12.9 英寸	1024×1366	2048×2732	@2×
iPad Pro 10.5	10.5 英寸	834×1112	1668×2224	@2×
iPad	9.7 英寸	768×1024	1536×2048	@2×
iPad mini4	7.9 英寸	768×1024	1536×2048	@2×

2. iPad 界面设计尺寸

相比 iPhone,iPad 拥有更大的界面,特别是 12.9 英寸的 iPad,和 13.3 英寸的电脑对比也不逊色,所以,在 iPad 上进行设计,会更侧重内容的呈现,交互次之,视觉最末。另外,在做交互设计时,也需要掌握iPad界面的设计尺寸规范,尽可能往真实的设计尺寸上靠拢,否则输出的稿子视觉错误,因为可能要展示的内容完全超出了iPad规定的范畴。参考Sketch的画板预设,我们会建议用一倍图进行设计,然后根据分辨率适配,输出多倍图。那么具体的尺寸如何定呢?下表可供参考。

表5-2 iPad界面设计尺寸表

设备	分辨率	状态栏高度	导航栏高度	标签栏高度
iPad6/iPad Air2	2048×1536	40px	88px	98px
iPad5/iPad Air/iPad mini 2	2048×1536	40px	88px	98px
iPad4/iPad mini	2048×1536	40px	88px	98px
iPad3/the new iPad	2048×1536	40px	88px	98px
iPad2	1024×768	20px	44px	49px
iPad1	1024×768	20px	44px	49px
iPad Mini	1024×768	20px	44px	49px

iPad界面主要由状态栏、导航栏和标签栏组成,以iPad的竖屏尺寸为例,其高度为768pt,宽度为1024pt,则状态栏(Status Bar)高度为20pt,导航条(Nav Bar)高度为44pt,标签栏(Tab Bar)高度为49pt,除此之外就是内容区域。在实际的应用中,如果界面涉及调用键盘输入时,要注意键盘的高度大约是313pt。

3. iPad常用图标尺寸

如果不用设计图标,那么掌握iPad界面大体的设计尺寸已经足够了。如果要为App Store、标签栏、应用等图标进行设计的话,还需要了解iPad常用图标的尺寸。(备注:要根据设计的图标尺寸为适配分辨率的尺寸,如果是按照一倍图进行设计,导航栏、工具栏、标签栏图标为一半大小。)

(三)iPad导航设计篇

1. iPad使用行为观察

首先,我们试图从人们使用 iPad 的行为中找到最舒服的导航方式,通过对 iPad 的长时间使用和观察发现,用户使用 iPad 时的手势分为三种:双手握持、单手握持以及支架式。综合重量来看,双手握持和支架式才是更频繁地使用手势。

另外,大部分 iPad 应用界面,都以 iPad 横屏界面为主进行设计,以便达到充分利用界面空间的目的。所以,当人们在双手握持或者支架式使用时,拇指触屏热区应该如表 5-3 这样分布(注:非实验室精确数据)。所以,如果需要频繁使用 iPad 导航的产品,可以考虑放置于两者交叉的热区范围内。

表 5-3　iPad 常用图标的尺寸

设备名称	设备尺寸	导航栏和工具栏图标尺寸	标签栏图标尺寸	应用图标	App Store 图标	Spotlight 图标	设置图标
iPadPro 12.9/10.5	12.9/10.5	44×44	50×50 最大 96×64	167×167	1024×1024	80×80	58×58
iPad/iPad mini4	9.7/7.9	44×44	50×50 最大 96×64	152×152	1024×1024	80×80	58×58

2. 常见 iPad 导航设计模式

(1)标签式导航

iOS 应用主流的导航模式,它的特色是通过底部标签来组织菜单,并且通过高亮的视觉效果凸显当前用户所处的页面。它的结构特色是扁平化,能有效满足用户频繁在同级菜单频繁切换的需求。

标签式导航,也是手机端大多数应用采用的导航模式,如果手机端采用了标签式导航,平移到 iPad 端时推荐保留同样的导航方式,包括微信、微博等应用都采用同样的处理方式。当然，标签式导航也有其局限性：标签数量最多不能超过 5 个，4 个最佳。对于同级别菜单导航比较多的后台产品而言，标签式导航并不具备可行性。

(2)顶部导航

顶部导航是结合了中间内容作为陈列馆式导航组织方式，它的特点是以内容为主的导航方式，通过中间内容引导可以完成所有的操作流程。例如电商产品，在中间以商品的陈列为主，引导用户进入购买流程，顶部导航以辅助的形式存在，提供辅助服务功能入口。

顶部导航的目的是让用户更聚焦中间核心内容，内容类产品例如新闻资讯、视频、阅读类等产品，是顶部导航的最佳选择，如果内容分类较多，可以采用“顶部导航＋tab 切换”的方式进行组织。

(3)左侧导航

无论是标签式导航，还是顶部导航，都没有像左侧导航一样，考虑到用户双手握持的操作习惯。采用左侧导航，显然更符合用户的操作习惯，使得用户能高效地进行导航切换操作。此外，左侧导航页面布局结构清晰，结合右侧顶部 tab 导航，能很好梳理导航多层级的关系，也适用于导航较多，但是对导航层级组织有要求的产品，如后台产品。

但是，左侧导航条会挤占一定的页面空间，如果对兼容 iPad 竖屏有要求的产品，这种导航就不一定合适，因为在竖屏的情况，导航挤占空间会更明显。

3. 如何选用合适的 iPad 导航

iPad 端产品要根据自身实际的情况来选择合适的导航模式，如果在原 App 端使用标签式导航，在 iPad 中直接沿用即可；如果是以内容为主的产品，优先选择顶部导航；如果是后台类产品，推荐选用左侧导航，这样能适应大多数 web 端后台产品导航为左侧的用户操作习惯。

此外，tab 导航应该作为导航的补充形式，不仅在于 tab 导航能很好地组织导航的层级关系，还在于拇指左右滑动的操作能很方便地在大屏 iPad 中进行切换操作。

四、iPad OS 16 交互设计

苹果的交互设计一直都是设计中的天花板，在 2022 年苹果设计了

全新的 iPad OS16 系统和全新的交互设计。

苹果的广告语:iPad OS 16 新技能加身,让用户处处都能一展身手。它能有助于用户与关心的人尽情分享和沟通,还让用户事事更高效,而系统中的 App 也全面升级,体验更直观,个性化设置更丰富,功能也更强大。

以下总结了一些 iPad OS 16 交互设计中(图 5-3)的优点,以供学习者参考。

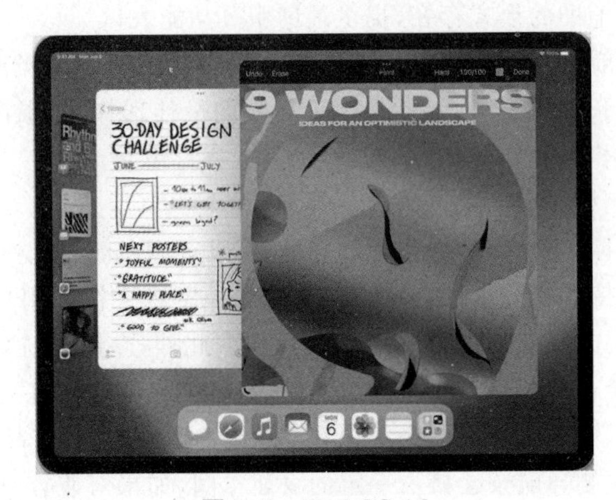

图 5-3 iPad OS 16

(一)照片

iCloud 共享图库:可与最多五人顺畅地分享照片和视频,鼓励大家一起制作家庭照片集,让回忆更丰富完整。iCloud 共享图库会把家人们的美好回忆都集于一处,让每个家庭成员随时都能欣赏,即使不是自己拍摄或编辑的照片也能看到。

多种智能的共享方式:根据开始日期或照片中的人物,选取想要囊括的内容。共享图库设置完成后,用户可手动共享照片,或是从“为用户推荐”中获取智能建议,将照片添加进来。手动选取照片,或是使用各种智能功能,顺畅无缝地共享照片。比如借助相机 App 中的切换功能,通过蓝牙近距离感应自动共享,以及从“为用户推荐”中获取共享建议。

编辑和修改处处同步:共享图库中的每个人都拥有相同的权限,可以随心添加、编辑和删除照片。个人收藏、说明和关键词也会同步,这样当有人整理照片时，绝大部分人都会受益。

（二）信息

信息：收发信息的新技能。现在，用户可对刚发出的信息进行编辑，或是将其撤回（例如，微信、QQ 等用户可以在信息发出后的 2 分钟内将其撤回）。另外，对于无法及时回复，想回头再来处理的信息，可标为未读。

恢复最近删除的信息：用户可以恢复最近 30 天内删除的信息。

在信息里同播共享：无论是热门的视频，还是榜上的新歌，都能在信息 App 里与好友一起边看、边听、边聊。共享播放控制功能可确保用户们时刻同步、同欢同乐。

更丰富的协作功能：在信息 App 中分享备忘录、演示文稿、提醒事项、Safari 浏览器标签页组等内容，即时开展协作。在对话中查看共享项目的最新进展，不用切换 App 就能轻松联络协作者。在信息 App 中发送项目协作邀请，对话中的每个人会自动添加到文稿、电子表格或项目中。兼容“文件”、Keynote 讲演、Numbers 表格、Pages 文稿、“备忘录”、“提醒事项”和 Safari 浏览器，以及第三方 App。

“信息”中的协作 API：开发者可以将其 App 的协作功能与信息 App 和 FaceTime 通话相整合，让用户在与协作伙伴沟通时，即可在同一界面轻松开展和管理协作。

（三）邮件

优化的搜索功能。搜索功能可提供更准确、更完整的搜寻结果，还能在用户键入前就提供搜索建议。

智能搜索更正：智能搜索功能可更正搜索词中的错别字并使用同义词，从而优化搜索结果。

收件人和附件遗漏提示：如果用户在邮件中遗漏了某些重要内容，如附件或收件人，将会收到相应提示。

定时发送：将邮件发送安排在恰当的时刻。

提醒我：已经打开但尚未回复的邮件，再也不会忘记。选择日期和时间，让邮件到时候在收件箱中再次醒目显现。

智能搜索建议:用户一开始搜索电子邮件,即可看到更丰富的共享内容视图。

撤销发送:在用户刚发出的电子邮件送达收件人的收件箱之前,轻松将其撤回。

跟进:将已发出的邮件移至收件箱顶部,以便用户快速发送跟进邮件。

图文链接:添加图文链接,在邮件里一目了然呈现更多背景信息和详情。

(四)Safari 浏览器

从 Safari 浏览器直接分享标签页和书签,或发送信息。无论是与好友规划行程,还是与家人选购沙发,用户都可以在一处集中分享所有标签页。而用户的伙伴也可把他们的标签页添加进来。

共享标签页组:与朋友共享一组标签页。每个人都能添加自己的标签页,协作时标签页组如有更新,也能即刻看到。

标签页组中固定的标签页:自定用户的标签页组,为各个组别设置固定的标签页。

网站推送通知:可在 iPad OS 里选择接收网站通知。

网站设置同步:用户针对特定网站所做的设置,如页面缩放和自动阅读器视图,将在各种设备上同步。

翻译网页图片中的文字:现支持使用实况文本功能翻译图像中的文字。

强密码编辑:编辑由 Safari 浏览器建议的强密码,以针对特定要求做出调整。

扩展可同步:在 Safari 浏览器偏好设置中,查看来自其他设备的可用扩展。扩展在安装后便会同步,用户只需启用一次即可。

新增语言:Safari 网页翻译功能新增土耳其语、泰语、越南语、波兰语、印尼语和荷兰语支持。

其他的网页技术支持:让开发者能够更好地掌控网页样式和布局,打造更为引人入胜的内容。

“设置”中的无线局域网密码:在“设置”中查看和管理用户的无线局域网密码。可引用和共享密码,或删除旧密码。

(五)通行密钥

通行密钥:通行密钥是更为安全便捷的登录方式,可取代密码。

避免从网站泄露:用户的私有密钥绝不会保存在网络服务器上,因此不必担心网站泄露影响用户的账户安全。

跨设备同步:通行密钥采用端到端加密,并通过 iCloud 钥匙串在用户的各种 Apple 设备上保持同步。

防止钓鱼攻击:通行密钥始终位于用户的设备本地,并且仅适用于用户在创建时指定的网站,因而几乎不会受到钓鱼攻击。

登录其他设备:用 iPhone 或 iPad 扫描二维码并通过面容 ID 或触控 ID 进行身份验证,即可利用已保存的通行密钥在其他设备上登录网站或 App,非 Apple 设备也同样适用。

(六)台前调度

"台前调度"全新上任。多任务处理迎来新方式,帮用户轻松做个多面手。窗口的大小可依用户需要灵活调整。而在同一个视图中叠放多个窗口的功能,也首次登录 iPad。打造理想的工作空间:根据任务或项目,设置不同的 App 群组,然后调整它们的位置和大小,并叠放起来,打造用户理想的桌面布局。用户可以通过"台前调度",将 iPad Pro 或 iPad Air 连上外接显示器,实现最高达 6K 的分辨率。iPad 显示屏和外接显示器可以一起显示多个 App,文件和 App 还能在两块屏幕间来回拖放。

大小可调的窗口:窗口的大小可依任务需要灵活调整。用户甚至可以将窗口移至台前。

快速取用窗口和 App:用户正在使用的 App 窗口会突显于中心位置,其他 App 则按最近使用的顺序排列于左侧。

在外接显示器上取用各款 App 可从程序坞访问用户常用的 App 和最近使用的 App,或借助 App 资源库更快地找到用户想要的 App。

将 App 分组归置:可从侧边拖放多个窗口或从程序坞打开多款 App 以创建 App 集合,用户随时都能轻点返回集合。

将 App 居中:用户无需启动全屏显示就能专注于当下使用的 App。

该 App 显示于屏幕的中心位置,大小合适,易于操作。

外接显示器支持:配备 M1 芯片的 iPad Pro 可完全支持外接显示器,实现最高达 6K 的分辨率。现在,用户可在 iPad 和外接显示器上使用不同的 App。

叠放窗口:可于同一个视图中叠放多个不同尺寸的窗口,理想的工作空间任用户掌控、灵活打造。

在 iPad 和外接显示器之间拖放:用户可在 iPad Pro 和外接显示器之间来回拖放文件和窗口。

(七)全新显示模式

现在,12.9 英寸 iPad Pro 可针对常见的色彩标准以及 SDR 和 HDR 视频格式,显示相应的参考颜色。用户可以将 iPad Pro 作为独立设备使用,也可借助 Mac 的“随航”功能,将它作为参考显示屏使用,这对一些重视色彩表现的工作很有帮助。

参考模式:可在配备 Liq 界面 d 视网膜×DR 显示屏的 12.9 英寸 iPad Pro 上启用参考模式,让其显示符合各种流行色彩标准和视频格式的参考颜色。

显示缩放:新的显示缩放设置通过调高显示屏像素密度,可为 App 显示更多内容。

借助随航功能启用参考模式:将 iPad Pro 用作辅助 Mac 的参考显示器。

(八)天气

现在,iPad 上也有了天气 App 用户可在 iPad 宽大的屏幕上全屏浏览,还能体验全地图模式和养眼的动画。轻点天气预报模块,空气质量、本地预报等天气详情,全都一目了然。另外,还能查看未来 10 天的每小时天气预报,以及未来一小时的分钟级降水强度预报。

iPad 的天气 App:登陆 iPad 天气 App,呈现的是更大的显示屏更优化的设计,包括令人沉浸的动画、精细详尽的地图,以及支持轻点触控操作的天气预报模块。

更多天气详情:轻点天气 App 中的任意模块,即可显示一组更细化的数据，比如未来10天的每小时气温和降水概率。

空气质量：使用一组可显示空气质量等级和类别的色标来对空气质量进行监测。一看便知空气质量较前一天更好还是更差。可在地图上查看空气质量，并能看到相关的健康建议、污染物分类及更多信息。

天气地图：天气地图中可显示降水概率、空气质量和温度。用户既可查看某个地区范围的地图，也可全屏浏览。

极端天气通知：当周边地区发布极端天气警报时，用户会收到通知。

动画背景：尽赏数千种可随着太阳位置、云层和降水概率而变换的动画背景。

预报：智能布局会根据当前的天气状况自动调整，让重要的天气信息尽收眼底。

（九）游戏

重新设计的 Game Center 面板，了解好友都在玩什么游戏，查看他们的战绩。如果他们破了用户的最高分，用户也能早早知道，好找机会重新打败他们。

活动：在重新设计的 Game Center 面板和个人资料中，集中一览朋友们的游戏活动和成就。

通讯录整合：通讯录 App 会显示好友的 Gamer Center 个人资料。轻点几下，即可查看他们在玩的游戏和取得的成就。

同播共享支持：支持 Gamer Center 多人联机的游戏整合了同播共享功能。与玩伴 FaceTime 通话中，便可以直接一起玩游戏。

（十）实况文本

在任意包含文字的画面暂停视频，即可执行拷贝、翻译、查询、共享等种种熟悉的操作。在照片、视频和相机 App 中，拨打画面中的电话号码、访问网站、转换货币、翻译语言等，现在更加轻松简单。

视频中的实况文本：视频暂停画面中的文本可进行充分交互，如拷贝、粘贴、查询，或是翻译等功能都可实现。实况文本功能适用于“照片”、快速查看和 Safari 浏览器等 App 或功能。

实况文本新增语言支持：实况文本新增了对日语、韩语和乌克兰语的文本识别功能。

快速操作:对于照片和视频中已检测到的数据,只需轻点一下即可执行多种操作。追踪航班或物流、翻译外语、转换货币等,都不成问题。

(十一)Siri

轻松设置快捷指令:下载 App 后无须设置,即可吩咐 Siri 运行相关的快捷指令。

文本中的表情符号:在发送信息时吩咐 Siri 插入表情符号。

结束通话:用户可以让 Siri 帮忙结束 FaceTime 通话。只需说声"嘿 Siri,挂电话"(对方也会听到)。可在"设置"中启用此功能。

自动发送信息:在发送信息时跳过确认步骤。用户可以在"设置"中启用此功能。

嘿 Siri,这个能帮我做什么?通过询问"嘿 Siri,这个能帮我做什么",探索 Siri 在 iPadOS 和 App 中的功能。用户也可查询特定 App 的功能。

扩展的离线支持:Siri 可以在没有网络连接的情况下,离线处理更多类型的请求,包括家居配件控制(HomeKit)、广播功能和语音留言。

(十二)家庭

家庭 App 经过彻底的重新设计,旨在提供更加高效可靠的使用体验。用户可在设计一个新的"家庭"标签页里,操控自己所有的智能家居配件。新增的环境、灯光和安全等类别,让用户只需轻轻一点,就能调用相关配件。而多机位视图可将各个智能家居摄像头画面置于屏幕的居中位置。

(1)全新的家庭 App:家庭 App 采用全新设计,令浏览、整理、查看和控制各种配件更加轻松简单。深入基础架构层面的多项优化更新,让用户的智能家居表现更出色、更高效、更可靠。

类别:以"灯光""环境""安全""扬声器"以及"水"等类别划分,让用户能快速调用按房间整理的所有相关配件,同时尽览更详细的状态信息。

全新摄像头视图:"家庭"标签页的靠前居中位置最多可展示四个摄

像头画面，轻轻滚动便能看到家中其他摄像头的画面。

优化的架构：基础架构经过了多项优化，使性能表现更快、更可靠，特别是对于那些拥有多款智能配件的家庭来说，改善尤为显著。通过家庭 App，用户可更高效地同时在多个设备上与连接的配件进行通信并控制它们。

Matter 支持：Matter 是一项新的智能家居连接标准，可支持多款兼容的配件跨平台顺畅协作。有了 Matter，用户可以选择的兼容智能家居配件更多了，并能通过 Apple 设备上的家庭 App 和 Siri 控制它们。

（十三）家人共享

轻松管理儿童账户：在开始创建儿童账户时，就能轻松设好适当的家长控制。用户可以依据偏好，设定适合孩子年龄的媒体和屏幕使用时间等。现在，孩子发出的屏幕使用时间申请会显示在信息 App 中，方便用户准许或拒绝。

为孩子设置新设备：使用“快速开始”功能和用户的设备，轻松为孩子设置新 iPhone 或 iPad，更可直接套用所有相应的家长控制功能。

家人共享核对清单：获取实用的提示和建议，来充分利用家人共享功能。例如，随着孩子的成长更新其账户设置，或是提醒自己与每位家人共享 iCloud＋订阅服务。

（十四）电脑级别 App

可自定义的工具栏：用户可自定义 App 中的工具栏，以显示最常用的操作按钮，方便用户快速访问。

搜索：搜索栏在所有 App 中始终以相同的大小呈现，显示位置也一致。输入时还可即时显示搜索结果。

关联菜单支持多选：当用户选择多个项目时，会出现新的关联菜单，方便用户操作一次同时并将之应用于所有项目。

重新设计的工具栏按钮：图标经过改进，使查询、翻译、分享等操作以及 App 内的导航都更简便易用。

新的关联菜单：有了显示关闭、保存、复制等常用操作的关联菜单，用户在 Pages 文稿、Numbers 表格等 App 中编辑文档和文件都能随心趁手。

查找与替换:查找与替换功能适用于系统中的所有 App,包括邮件、信息、提醒、事项和 Swift Playgrounds。搜索栏位于键盘正上方,更方便用户查找、移动和替换某个出现在不同地方的字词。

更多 App 支持撤销和重做:用户可在文件、照片和日历 App 内进行一贯的撤销和重做操作。

在日历中查看可用时间:日历 App 的设计简单易用,视觉效果更丰富。当用户在其中添加会议时,还能显示每位受邀者都可参会的时间。

通讯录中的列表:使用不同的列表对用户的联系人进行归类管理,方便日后轻松查找,用户还可以一次向列表中的所有人发邮件。

将通讯录复制或拖拽至邮件:将联系人名片复制或拖拽至邮件,轻松共享联系人信息。Numbers 表格可为每列自动补全数据使用 Numbers 表格创建图表时,可参阅其中的自动补全建议。

在通讯录中查找重复的联系人并合并名片:通讯录会查找重复的联系人条目,并将其合并到单个联系人名片中,更便于用户轻松一览某个联系人的全部信息。

(十五)全新协作类 App

用这款新 App 为协作加分,它不仅能帮用户挥洒自己的奇思妙想,还能方便大家一起协作探讨。用户可以用 Apple Pencil 写写画画,随手记下闪现的灵感,还能共享文件,或插入网页链接、文档、视频和音频。

灵活多用的画板:这款 App 的画板非常适合用来绘制新项目草图、汇总重要素材,或进行创意讨论。有了这块不设限的画板,用户可以尽情发挥创意。

沟通方式多样:借助信息 App 中的协作 API,这款全新协作类 App 可让用户直接从信息 App 的对话中看到协作者的更新。

丰富的多媒体支持:嵌入图片、视频、音频、PDF、文档和网页链接。用户不用离开这块画板,便可以将几乎任何类型的文件添加进来并在其中预览。

全方位协作:有了实时协作功能,用户可以在他人添加内容或进行修改时看到这些操作,就像用户们站在同一个房间的白板前一样。

随处都可画:该款 App 全面支持 Apple Pencil,带来出色的白板使用体验。用户可在画板上的任意位置写写画画,然后根据需要选择并移动文本或图画。

(十六)专注模式

主屏幕页面建议:iPadOS 会为用户提供主屏幕页面建议,推荐显示与用户所设定专注模式相关度最高的 App 和小组件。

专注模式过滤条件 API:有了新的专注模式过滤条件 API,开发者可以利用用户正在使用某个专注模式的信号,来隐藏让用户分心的内容。

设置更简单:在开始使用专注模式时,每个选项都能为用户带来个性化设置体验。

主屏幕页面建议:iPadOS 会为用户提供主屏幕页面建议,推荐显示与用户所设定专注模式相关度最高的 App 和小组件。

专注模式过滤条件 API:有了新的专注模式过滤条件 API,开发者可以利用用户正在使用某个专注模式的信号,来隐藏让用户分心的内容。

设置更简单:在开始使用专注模式时,每个选项都能为用户带来个性化设置体验。

专注模式过滤条件:针对用户启用的每个专注模式,在日历、邮件、信息和 Safari 浏览器等 Apple 内置 App 中设置不同过滤条件,助用户排除外界干扰。比如,用户可选择在“工作”专注模式下,Safari 浏览器中可显示哪些标签页组;或者在“个人”专注模式下,隐藏工作日历。

预设启用专注模式:用户可以选择在某个特定时间或地点,或是在使用某个 App 时,自动启用专注模式。

允许和静音列表:设置专注模式时,用户可以通过选择允许或静音,来决定要接收哪些 App 和哪些人的通知。

第二节　智能家居中的交互设计

一、智能家居交互界面设计

智能家居(图 5-4)是利用先进的计算机技术、网络通信技术、综合布线技术,依照人体工程学原理,融合个性需求,将与家居生活有关的各个子系统如安防、灯光控制、窗帘控制、煤气阀控制、信息家电、场景联动、地板采暖等有机地结合在一起,通过网络化综合智能控制和管理,实现“以人为本”的全新家居生活体验。

图 5-4　智能家居(概念图)

(一)智能家居系统交互界面设计的释义

舒适,源自对生活的深刻理解和选择,现如今我们,倡导一种更健康、更舒适、更简单的生活。随着市场对家居智能化、节能和安全的需求持续上升,基于嵌入式技术的智能家居系统成为当前现代化家居的一个热门选择。智能家居是以住宅为平台，兼备建筑、网络通信、信息家电、设备自动化，集系统、结构、服务、管理为一体的高效、舒适、安全、便利、环保的居住环境。它不仅具有传统意义上的居住功能，为人们提供安全舒适的家庭生活空间，而且可以通过高科技把智能带进家庭，提供全方位的信息交换功能。智能家居终端呈现给用户的应当是可靠性高、美观、易操作的界面。让人们充分感受智能家居生活的舒适和便捷(图5-5)。

图5-5　智能家居生活

(二)智能家居系统交互界面设计的重要性

作为设计当中的一种新进形式，近年来，界面设计在家电设计当中日益显示出其重要性。从某种意义上来说，工业设计由物质设计向非物质设计的转变已经开始，而且必然成为未来工业设计发展的趋势，以用户体验为中心的界面设计大时代已经到来。以用户交互为核心的专业界面设计团队公司也异军突起，如Face界面设计策略团队在创业初期就累积了丰富实务的经验。它是华东地区最早的界面专业公司，团队经过多年实践摸索，整合了产品设计、平面设计、认知心理学、人类工程学等相关领域，确立了界面和G界面的开发发展流程。到目前为止，该发展流程已被广泛应用于各大界面设计公司以及企业内部。界面设计的专业性,在2011年第三届中国服务贸易大会设计创新服务贸易分会的全球设计趋势发布环节,也同样得到了体现,会议发布了未来界面设计的趋势。

界面设计领域的关键词包括多点触摸、简单却丰富的交互、强调用户体验、智能化等(图5-6)。智能化是现在最受关注的一个方面,在下指令之前,设备就已经了解到用户的需求,能够自动提供服务。此外,用户将不需要学习就能够轻松掌握操作方式。界面相关技术的发展潮流会同时受到图像处理技术和电视技术发展的影响。图像处理技术从LED发展至LCD,到全触屏,再到3D、全息影像、增强实境,扩展了输出的方式。而辨识技术的发展则是对输入方式的扩展,从触摸屏、多点触摸发展至体感技术。界面相关技术的未来发展趋势本质是对人类感觉的进一步延伸,解放对人的束缚。①

图5-6　界面设计领域

① 李珂,王君,刘娟. 卫浴产品造型开发设计[M]. 南京:东南大学出版社,2014.

(三)智能家居系统界面设计需求

智能家居系统界面设计需求主要体现在以下几个方面。

(1)重视产品和系统界面的简单易行:科技的应用应使操作、编程和比例干扰更简单、更经济,而不是更烦琐;特别是在家庭设备的维护方面。

(2)可扩展性:规划时间的限制和预计工程面积的扩展,以及系统对界面的需求,必须有超过100%的扩展潜力。

(3)重视产品和系统的可靠性:选择已证明实用可靠的产品,不使用为满足项目需要而专门设计的软件或设备(图5-7)。

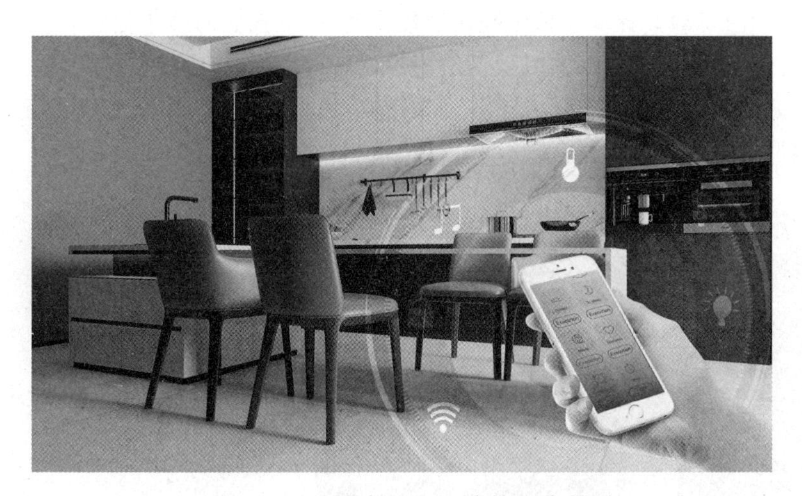

图5-7　重视产品和系统的可靠性

(四)强调智能化并不是牺牲设计

洗脸盆没有调节水量的把手吗?……这是最新的智能家居。虽然没有把手,但只要按一下就足以出水,就像iPhone手机一样会令人惊艳;无论是排烟机还是厨房用具等,轻触就能自动从橱柜里显现出来,家里的功能界面设计已经不会复杂化,反而会更加注重整体视觉设计感觉……如今,越来越多的家居产品开始走向智能化轨道,并确保设计、智能家居价值不被设计牺牲,这是住宅行业的普遍认同。

作为一种新型设计,近年来界面设计在家电设计中越来越显现出其意义。从某种意义上说,工业设计从有形到无形的转变已经开始,这必然成为未来工业设计的趋势,以用户体验为中心的界面设计时代已经到来。一个以用户交互为核心的专业界面设计团队也出现在视线之内。

二、智能家居交互设计方法

(一)平台属性

智能家居的核心功能和使用场景围绕硬件设备、控制软件、用户而展开(图 5-8)。控制软件依托于智能设备,一方面实时搜集信息,将设备运行状态及各项数据实时展示给用户,另一方面作为中间传递机构将用户的控制指令下达至硬件设备,同时也可通过服务器云端配合完成无需用户干预的自动化、智能化的逻辑关联场景操作。

图 5-8　智能家居的场景图

从用户的角度看来,它的工具属性更强一些,但从设计者的角度出发,它具有很强的平台属性,可以理解为全屋智能设备和家庭成员的信息处理中心,并通过单平台完成多设备、成员的控制与管理。这个平台依赖于不同的硬件介质发挥其功能，智能手机、PC、智能手表以及几乎任何带有触控功能的智能设备。

（二）设计方向

1. 可扩展性

硬件设备品类极其丰富，从智能门锁到互联网空调，从门窗传感器到监控摄像头。几乎生活中的任何硬件设备都有发展为智能硬件的趋势。从设备层面的设计角度出发，控制平台必须满足在整体架构相对稳定的条件下，在当下和未来可以持续性接入新的不同品类智能设备的要求，也就是平台要求其具有很强的可扩展性与可兼容性。

虽然接入设备的种类、功能可能完全未知，但从不同类型设备与平台的交互场景来看是比较相似的，从首次使用设备的发现、绑定、网络信息写入，再到日常的远程控制与信息传输。兼容性也体现在这几个场景中，首先是设备的接入过程，需要兼容 WiFi、蓝牙等多种接入方式；紧接着添加成功后，界面中设备的呈现上兼容不同类型设备，设备的智能控制与场景联动支持多种设备操作与互联。

为达到产品整体架构具有较强的可扩展性，首先要使用合理的组织呈现方式。在产品结构中，设备所处的层级是比较低的，不同的设备需要根据一定的组织呈现规则和方式嵌入平台中，而平台要做的就是提供一个个以设备为最小单位的空缺，就好比平台提供建筑结构，设备作为家具放入各个家庭与房间。就如下的概念设计方案中，家庭中实体的房间作为了承载设备的一个架构主体，每个设备作为一个最小单位存在于房间内，在最小单位内，可根据设备的类型进行不同的设定。同时这种组织方式与呈现方式也被运用到场景中。也就是在整体架构和组织呈现方式的设计中，设计师需要完全抛开每个设备的类型与具体功能，设计的细化程度只要到达某一设备即可。在米家和 HomeKit 的架构设计中，也采用了同样的方法，达到了类似的组织呈现方式。

另一种加强可扩展性的方法是提炼关键元素与关键过程，在设备的发现、绑定过程中，虽然因为设备类型不同会有差异，但综合分析其过程，可以提炼出相同或相似的关键中间过程，以这些相似的中间过程作为整个绑定流程的框架,针对不同设备不同的绑定配网方案,增加或删除一小部分内容,仍可以保证其与绑定的流程框架具有很强的兼容性。

2. 统一性

整体架构设计完成之后,更加底层的设计会细致到某个设备的具体功能操作及呈现方式,这就要开始考虑统一性的问题。这里以设备控制界面的统一性为例,虽然不同设备的功能和所能传递的信息大不相同,但仍可以找到一些分类规律,按照硬件设备与智能平台的交互内容去划分,可以分为三类:数据及状态监测类(空气质量监测器、门窗传感器等各类智能传感器)、设备控制类(智能灯具、智能插座等各类智能普通家电设备)、状态监测+设备控制类(智能摄像头、智能空气净化器)。首先考虑控制页面布局结构的统一性,根据三种类型的分类,控制页面也被分为了以上三种基本结构,不同设备按照功能分类使用统一的页面展示结构布局其信息、控制项,这样大大降低用户在切换不同设备控制页面时由于布局不统一而导致的不适感与操作压力。

除了交互操作上的统一性,在视觉设计中,统一性也很重要,在相同、相似功能的控件的使用、不同状态的表示中,使用较为统一的视觉元素,可以在很大程度上降低用户对新设备、新功能使用的认知与学习成本。最为简单的方法就是通过输出交互和视觉的设计规范与设计控件的方式,达到不同设计师与不同设备的统一性。

可扩展性与统一性两种思路需要同时运用,在产品的架构设计上保证其兼容性与可扩展性,在架构之下的基本功能中,保证不同设备的相似功能场景保持统一。两者虽然面向的设计层面不同,但从整个产品的角度来看,缺一不可。

(三)更好的设备控制体验

1. 参照

运用用户已有的认知模型是交互设计中常用的一种方法,特别是在新产品、新功能的设计中,让功能结构更加符合用户的心理预期,可以有效地降低用户的认知和学习成本。在智能家居的控制页面设计中,不妨多尝试这种方法。典型的如空调、电视等使用遥控器完成设备控制的设备，因遥控器本身已经是一种较为成熟和被用户普遍接受的控制方式，在其控制设计中，通常借鉴遥控器的功能按钮与布局方式，在设备界面中“模拟”出一个遥控器，利用用户对遥控器已有的认知基础，可以轻易并快速地学习并接受界面上的控制方式。

除此之外，更为关键的一点，用户在长时间使用某种控制方式后，会对功能按钮的布局形成长期的记忆效应。举个例子，我们的父母一辈，经历了较长时期的功能机时代，对 9 键按键布局和输入方式形成了较深的记忆效应，而年轻一代则缺失了这一阶段或很快度过了这一阶段并且经历了较长时间的 PC 键盘输入方式，这也就是为什么我们父母在使用智能机时仍旧习惯使用 9 键输入而年轻一代更习惯于 26 键输入。同样的，在这里，以参照模拟的方式设计的控制页面，可以与其参照物产生相似的记忆效应，在用户日常根据不同场景切换控制方式的过程中，不会由于记忆效应的差异产生较大的认知阻力与使用障碍。

2. 转化

在控制方式上，智能家居本身最大的特点就是由物理性质的接触控制方式转变为基于界面内容的虚拟远程控制方式，而且这一转化过程在 G 界面（图形用户界面）刚刚出现的时候就已经开始了，人机交互方式发展过程中，G 界面能够彻底颠覆早期计算机中的指令操作，很关键的一点就是其基于人们已经熟知的硬件操作转化而来，在呈现方式、操作方式上具有很强的继承性与相关性。相较文本形式的指令操作，极大地降低了学习成本。与常用的列表与条目不同，控制界面要承载很多的状态和参数，设计师遇到的问题就是如何使用各种交互控件来表示和操控这些状态和参数。

硬件设备的控制器件诸如最基本的开关、按钮、旋钮，与之对应，我们在 G 界面中转化为开关、按钮、调节条。而且这个转化过程已经非常成熟并被普遍用户所接受。在此基础上，为了获得最好的转化效果，转化的结果往往是用户已经熟练掌握使用的标准控件。在这个过程中，目的在于尽量降低用户的学习成本，设计师不需要也最好不要刻意创造全新的控件与交互方式，在日常使用的控件基础上稍加改动就基本可以。除了直接将之转化为控件，还可以通过分解的方法进行间接转化，将物理控制中的复杂操作分解为用户可见的不同维度或不同过程在界面控制中呈现。例如,米家台灯只需一个旋钮就可以完成开关、亮度、色温调节,是一个典型的多维度的操作器件,通过按压、旋转两个维度的操作配合来达到对多个状态和参数的控制与调节,但实际在页面中,我们发现直接转化为一个开关或者是一个调节条都是有问题的,在平面中完成立体多维的操作,就用到了分解的方法,根据不同组合指向的操作结果,分解为开关、亮度调节与色温调节。

3. 强反馈

电气化的硬件设备往往具有一些声光等类型的感官性较强的状态指示与信息反馈,如电源指示灯、声音提示与报警等,而且这些提示与状态往往与用户的安全健康等因素相关,所以在智能设备的平台设计中,这一点也需要着重考虑,在界面中以较强的反馈形式告知用户当前设备的状态信息,使用冲击感较强的色块儿、增大不同状态之间的差异性、利用智能设备完善的通知提醒策略,将信息及时、准确、明显地传达给用户。

智能家居的交互设计,需要对当下和未来进行设计,是一个由整体架构开始到基本单位的过程,注意在设计的各个阶段运用不同的设计思路与方法,把握不同的侧重点。在平面界面中赋予硬件设备本身的产品活力,也将全新的交互方式带入传统硬件设备的使用场景中。

三、华为全屋智能 2.0 交互设计

(一)华为全屋智能 2.0 交互设计特点

2022 年 7 月 4 日,华为全屋智能 2.0 发布,作为新一代华为全屋智能解决方案,其带来了包括交互体验的升级以及全新的后装解决方案在内的多项升级。其中,交互体验升级更是新一代华为全屋智能解决方案的一大亮点,可墙可桌的中控屏、简洁高效的 UX 界面丰富了用户对全屋智能的想象,加速了全屋智能体验的落地,交互革命将是全屋智能发展史上的里程碑。

新一代华为全屋智能采用了全新的中控屏设计,摆脱了以往墙面中

控屏的空间限制，升级为可墙可桌，如此一来中控屏的摆放更加灵活，真正实现一空间一屏，用户在家中的每一个角落都能对智能家居设备、全屋智能系统进行控制。

与此同时，智能中控屏的 UX 操作系统也在上一代的基础上进行了交互逻辑重构，新的 UX 系统界面更加简洁，共分为三层交互界面，从全屋信息到设备精控层层展开、逐级操控、高效牵引，在每一层的页面显示中，又通过对子空间、子系统与子场景的进一步分类收纳，实现了快速定位直达控制。

其中第一层交互界面中首页的子系统卡片，既是一级入口，又是核心信息与最优推荐的呈现，让用户对全屋状态一目了然；第二层交互界面的可视、可控、设备区将全量能力高效分类，方便用户筛选操控内容；第三层交互界面则显示更详细的全屋信息，如环境参数、空气质量、耗材情况等，还可以实现分组控、整体控、模式控等重点快控，并且在全屋设备页面，选择具体设备进行精细操作，提升用户对全屋的控制效率和操控体验。

同时，新一代华为全屋智能解决方案对照明、安防、遮阳、冷暖新风、网络管理系统五大子系统也完成了交互进化。全新升级的照明子系统，在传统实用性的基础上，能够提供艺术级的独创灯光模式让用户与光共情；安防子系统现在支持分级告警，做到了小事不滥报，大事不漏报；遮阳子系统则选用行业领先的硬件，做到了导轨电机双静音，无声的同时控制精度更高；冷暖新风子系统兼容了行业超过 95%的品牌设备，支持全屋一键协同调湿调温，同时可以实时动态感知环境质量，适时主动推荐一键优化选项；网络管理子系统在升级后支持可视化的网络热力图，一键优化管理。

另外，针对传统语音控制识别率低的问题，新一代华为全屋智能解决方案还提出了可视可说的交互操作，全面提升语音交互的成功率，彻底解放用户双手，降低了全屋系统操作学习的成本和时间。

新一代华为全屋智能解决方案通过全新的交互设计，打破了传统交互的边界，首次带来了无界的交互体验。除此之外，新一代华为全屋智能还在这次发布中推出了全新智能主机 EZ，解锁了后装解决方案，以服务改造过的空间场景。华为全屋智能的后装方案，不破墙、免布线，当天装当天用。总的来说，华为全屋智能正在加速推进全屋智能体验落地，让更多用户更早住进未来家，住出幸福感。

(二)交互革新

交互革新的基础是中控屏,华为全屋智能在原墙面屏的基础上升级为桌面中控屏,实现了距离进化,达到了可墙可桌,随处掌控的效果。

全新的三层UX界面,实现了系统直达,群居掌控的效果。用户通过一层UX实现了子空间和子场景的空间全量控制;通过二层UX实时了解子系统的核心信息,实现重点功能快控;如果用户需要对某台设备进行更精细控制,那么三层UX单品控制也能完全满足。

(三)空间解锁

华为全屋智能在之前的智能主机X和智能主机SE的基础上,推出了全新的智能主机EZ,采用有线+无线双网构架,统一管理全屋网络,一键批量配网和场景导入,实现了不破墙、免布线、当天装、当天用的全屋智能体验。

(四)生态拓展

华为的理念是万物互联,在鸿蒙的驱动下,与国内外各大知名品牌合作。在未来,更多的套系化、高端化、丰富化的设备将会接入照明、遮阳、影音、冷暖新风、家具家私、安防等子系统,其中智慧安全场景是众多子系统中最不可忽视的一环。

小豚当家作为华为生态圈中重要的一员,在2021年成为“华为智选同路人”,此次发布会中推出的华为智选小豚当家室外摄像头新品,对于智慧安全场景也做了全新的体验升级。

小豚当家室外摄像新品全面接入华为智能全新的交互方式,通过华为桌面中控屏即可完成全屋一键布控、撤防和细节调控。

在AI智慧侦测方面,可实现AI人形监测、车辆移动监测、全景移动追踪,可以通过AI算法精准感知人形、识别车辆的经过,甚至可以看清车牌号,如果有突发情况能及时向主人推送预警。全新的4路同屏功能,可同时观看4个摄像头的画面,多视角兼顾不放过任何一个细节。

另外,小豚当家室外摄像头新品还具备2K超清画质,增加了独特的对讲变声功能，一个独居，开启对讲变声功能，不暴露性别和年龄，更安全。

在行业内，小豚当家以深耕技术闻名，小豚当家的软硬件系统应用的AI技术及平台数据整合，创造出以智能硬件为基础，云计算、云存储、AI等增值服务为核心的智慧生活服务平台。未来，小豚当家将继续以匠心打造行业标杆，与华为展开更深度合作，持续投入研发推动行业高质量发展，为全球更多家庭带去更安全、更智能、更便捷的生活体验。

第三节　民用虚拟现实中的交互设计

一、民用虚拟现实的领域

虚拟现实应用中一个主要的应用领域（图5-9），其交互设计方法几乎包括了现今虚拟现实应用的所有手段。线下数字交互展示主要包括：(1)沉浸式数字交互展示（Virtual Reality）；(2)实体交互式虚拟展示（TangibleInterface）；③增强式数字交互展示（Augmented Reality）。

图5-9　虚拟现实

(一)沉浸式数字交互展示(Virtual Reality)

借助头戴式显示设备(HMD)或传统显示设备,投影仪投射出来的虚拟环境,创造虚拟的沉浸体验,通过头部旋转或身体沉降来控制虚拟视觉的变化,以及通过沉浸式展示虚拟环境,通常在三维虚拟环境的博物馆中运用较多。

(二)实体交互式虚拟展示(TangibleInterface)

展览上的交互式设备以展品的形式设计,或与虚拟展品(三维实物或展品复制品)结合使用,体验者通过控制交互设备进行交互式感知。这种交互式数字表示的目的是使测试人员能够直观地感觉到材料信息(形状、大小、质量等)。

(三)增强式数字交互展示(Augmented Reality)

将虚拟环境或对象与真实环境或对象相结合进行演示,利用虚拟环境或对象来补充或增强真实环境或实物的不足,而完全沉浸式虚拟演示和扩展虚拟演示的最大区别在于:完全沉浸的实验者看不到周围的真实环境;而扩展的虚拟演示允许实验者在不使用任何设备的情况下看到真实的环境物体,以及投影在这些物体上的二维或三维虚拟图像。

二、民用虚拟现实交互界面设计的流程

基于产品本身的用途及其输入、输出等特点,在开始制作产品原型之前,我们首先需要对技术进行深入研究,产品实施所必需的,包括可能出现的困难和限制以及可能出现的潜在问题,这样,设计师可以在未来做出更准确、更有效的设计决策。

(一)信息架构、交互脚本、功能与内容

该阶段的目标包括整理信息架构,制定交互脚本,定义和描述每个界面的功能和内容。生成的文档可以为整个项目带来更全局的视野,以便下一个实际设计工作可以专注于最关键的信息,减少无用的工作,节省更多的时间来研究交互设计模式。

(二)草图

即使是对于虚拟现实产品,在研究阶段,通过纸张和笔快速呈现草图,这样可以交流想法,是一种非常重要的设计方法。纸和笔不会限制设计师的思考,还可以帮助设计师尽快实现想法,同时,这些想法在多人交流与合作中也具有很高的实用价值。

(三)界面原型

在经过设计的初期阶段后,设计师应该对产品的整体结构有一个清晰的了解,包括界面的数量和内容、布局等。然后就可以进入原型阶段,原型的意义是用于检查想法,获得反馈,并通过迭代和重复进一步检查想法。

它通常用 Bo×shot 来快速创建虚拟环境效果样式,通过 Blender 混合器对界面元素进行建模,最后在 unity 3D 中完成原型。

(四)G 界面设计

接下来是呈现图形化界面设计的阶段(图 5-10),用户最终要与其进行直接互动。这一阶段应该为大多数传统界面设计师所熟知,有几个要素需要特别注意,包括与产品本身特征相对应的情感化体验塑造,符合 3D 世界交互的原则、语言及设计模式,以及符合用户对于数字化界面既有认知的设计模式。这三者之间的良好平衡是塑造 VR 图形界面的关键所在。

图 5-10　图形化界面

三、民用虚拟现实交互界面设计的基石

(一)处理好关系

1. 空间与用户的关系

首先,可以更好地理解哲学概念中的空间是什么:空间使事物变化,即因为空间的存在,事物才可以被改变。用 VR 的方式理解的话就是,如何直接设计空间,将直接改变人们对事物的理解。例如用户在森林中和废墟中,VR 的感觉应该是不同的。因此,用户被安排在什么样的空间中,直接关系到设计的产品希望用户拥有什么样的体验。对于空间与人的关系,如何设计空间将直接影响消费者对产品的感知。

2. 空间与界面的关系

这个概念已经用于游戏界面的设计中。互动界面和环境是有机结合的,这是因为游戏需要玩家能够沉浸在游戏所创造的世界中,界面的设计应尽可能与环境相适应。目前,系统级 VR 界面设计尚未达到这一要求，但今后应朝着这一方向发展。

（二）VR用户界面设计的条件

为了设计一个好的用户界面，我们需要满足三个条件：(1)有一个非常沉浸式的虚拟环境；(2)层次链接，逻辑结构简单；(3)页面的信息显示简单直接。

1. 具有一个极具沉浸感的虚拟环境

这个部分需要分为三个阶段来说明。

(1)初级阶段

无法交互的虚拟环境通常只能提供简单的三维空间。大多数界面功能和交互都是传统的2D交互模式。这一阶段主要是模拟真实空间，向消费者传达沉浸在环境中的简单感觉。

让我们看看当前主流界面的风格，oculus rift 2.0，Google Dream，windows Mr。在实践中，处理这些环境是界面设计的初始阶段。我们看到，三个公司的设计逻辑基本相同，它们都设计了虚拟空间，但这三个虚拟空间基本上不参与交互，而是作为一个背景，它们为用户创建了隔离现有环境的空间。其设计有两个原因。

第一，设备功能有限，由于大多数设备都具有移动特性，并且移动设备在此阶段处理三维运算的能力需要消耗太多功耗，因此，设计过于复杂并不方便。

第二，界面设计还处于起步阶段，VR界面设计还处于研究阶段，在处理空间与交互关系方面还不成熟。

(2)中级阶段

提供简单的交互空间设计，将界面功能和交互元素整合到虚拟空间中，这样用户就可以更好地融入虚拟空间。例如微软的SteamVR HOME最近发布的一个新的界面系统，我们可以看到在这个空间里，虽然界面处理方法还是比较传统，但整个环境设计具有初步的交互功能，用户确实可以在自己的房间中查看，从而可以更好地融入虚拟空间。

(3)高级阶段

完全写实的虚拟空间，这一阶段就不多说了，基本大家看成熟的设计就可以想象到了。

2. 它们都有着具有简单逻辑结构的层级关系

根据虚拟环境设计的第一阶段,我们可以发现 VR 层的逻辑设计不能再根据计算机或手机的逻辑来构建,用户需要更直观的逻辑界面设计,如果虚拟环境中,再设计文件夹套文件夹的设计,用户肯定会晕头转向。

例如,App Store 的界面。传统的界面处理使平面上的所有功能都能完成,大大提高了工作效率。

此外,作为 Oculus Arcade 的界面,整个环境就像真实的街机室一样,也按区域按品牌分类,让用户更好地沉浸在真实的环境中,就像在游戏室一样。这里既没有层次结构,也没有图标设计,只有空间转换。

3. 页面的信息展示简约直接

当用户在虚拟空间中工作时,简单而不破坏信息沉浸感会比呈现复杂信息更有效。我们还可以在比较中看到 Oculus Rift 2.0 和 Google Daydream 的最新界面,以清楚地了解差异。显然,Oculus Rift 2.0 界面主要处理或处于平面界面开发阶段,无论是页面、信息显示,与计算机桌面无显著差异。而 Googledaydream 的界面应该更干净,更简单高效,页面布局简单,层次分布少,设计美观的图标,让这个界面使用起来更方便,更轻松。

我们还要看第二层的页面:Oculus 页面显示所有的功能、菜单、信息甚至价格,现实情况是,这个页面虽然看起来很完美,但对于 VR 用户来说,效率并不一定更高,因为用户需要很长时间才能识别出重要信息,反观 daydream 的设计基本做到了最简,在没有多余信息的情况下,只有界面中的信息,这提高了用户的工作效率。

四、民用 VR App 的类型

在设计方面,应用程序大致由“环境”和“界面”组成。戴上视觉显示器后,你可以理解“环境”是指你进入的世界。例如你所在的虚拟行星的表面,或加速你的过山车。

“界面”是指一系列虚拟对象，用户必须与这些虚拟对象交互才能在环境中漫游或控制过程。

根据两个组件之间的复杂性差异，虚拟现实应用程序可分为四个象限（如图 5-11）：

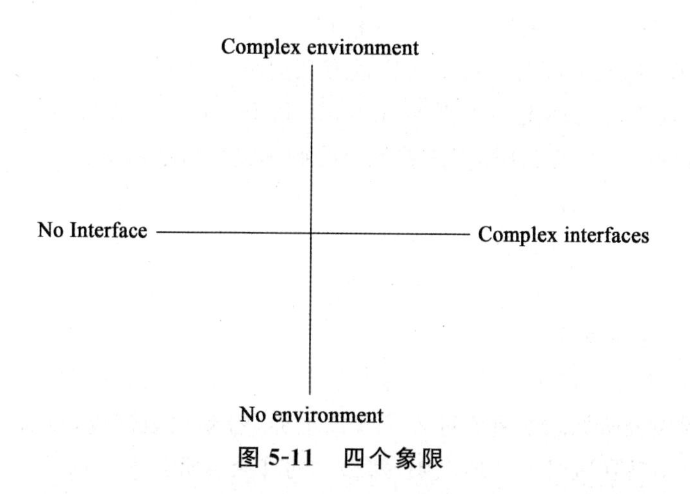

图 5-11　四个象限

在左上象限中，最典型的是在过山车上测试的 VR App 等产品的模拟器。这类产品倾向于创建一个完整的虚拟环境，但不提供任何界面，用户只能是完全被动的体验。

与之相对应，右下象限通常提供一个完善的交互界面系统，但在环境创造方面，笔墨通常较少甚至不提供环境。一个典型的例子就是三星 Gear VR 的第一个屏幕。

虚拟环境的设计需要精心设计的 3D 模型，这会干扰我们的交互式或视觉设计师在这些 2D 界面区域中的工作。另一方面，VR 产品中的界面设计对我们展现能力来说是一个很好机会。

五、谷歌 Cardboard App 设计虚拟现实

谷歌在 2015 年开发者大会上发布了第二代 App 程序 Cardboard，将 iPhone 也纳入适用范围，其中还包括吸引更多开发人员致力于拓宽虚拟现实应用程序开发的范围。但对于一个习惯于设计 2D 平板屏幕的人来说，突然开发 3D 虚拟现实环境是非常困难的。因此，谷歌与 Monument Valley 开发团队的数字产品工作室合作，一个以 VR 方式教导使用者基

本 VR 设计的 Android 应用程序。

该程序将允许开发人员采取以下步骤。

(1)规模。课程内容:VR 将改变您的游戏场位置! 你可以放大树,缩小蘑菇,创造爱丽丝漫游效果。你会感受到这种乐趣。

(2)加速。虚拟世界的冲力我们很难接受。当我们快速增加或减慢 VR 速度时,我们的身体会对我们没有实时移动感到困惑。为了尽量减少这种视觉和物理上的不平衡,Google 和 UseTwo 建议在 VR 中使用尽可能快的均匀性,这样用户就不会受到不良反应的影响。

(3)用户界面。用户界面一直是应用程序的重要组成部分,特别是在搜索世界上未知事物的应用程序方面,人们对 UI 的期望很高。这个应用程序没有 2D 重叠,全是 3D 设计。当用户置身其中时,十字线设计将为定位提供便利。

(4)声音。在 VR 世界中,即使是声音也需要详细的定位。用户正在收听代表所见。如果你进入了 VR 世界,看到火焰燃烧,或者你左边有一只小鸟在叽叽喳喳地歌唱,那么你的耳朵会听到来自你后方和左边的声音。

第四节　汽车人机交互界面的设计

一、车载界面概述

(一)界面的载体与形式的变化

在回顾汽车的发展历史时,早期汽车中的显示信息主要通过机械仪表和硬件设备界面出现。随着液晶显示器的普及,数字图形界面逐渐取代机械化仪器硬件的界面,成为现代汽车仪表的核心要素。目前,数字界面的可视化设计主要集中在仪表及其控制的屏幕液晶部分,汽车的最新交互界面被称为“平视显示界面”,此后的趋势是整合信息和虚拟交互增强现实，强化真实界面。这些都依赖于汽车网络和大数据的支持，透明显示屏将取代传统投影图像。目前，车内这些互动界面相辅相成（图 5-12）、共存，未来应向多通道界面发展，就像更精确的语言控制将取代手动操作一样。

图 5-12　车载界面

（二）界面功能分区与扩展

1. 辅助驾驶界面

辅助控制界面主要集中在仪表区域和 HUD 显示区域（驾驶员处于正常驾驶位置，眼睛和头部在正常运动范围内车体可视范围内），这也是驾驶员最容易接近和看到的视野区域。区域内的界面信息是驾驶员在开车过程中需要观看的。目前，新车的配置大部分都是使用电子显示屏，其主要功能是显示车辆的各种参数，并将车辆状态及时传递给驾驶员。同时，驾驶员通过电子显示屏显示交通和环境状况可以直观地了解周围的环境，并通过车辆网络成为综合系统环境信息采集、规划决策、多层次辅助试点等综合信息界面的点位。

图 5-13　辅助驾驶界面

2. 娱乐界面

目前,大部分车上娱乐的电子显示屏幕界面是一个中等控制区域,屏幕区域可以用手触碰(图 5-14),通常大小在 6 到 20 寸之间,且在屏幕的下方有物理键控制。而特斯拉汽车的生产直接将这一领域变成了 17 英寸的触摸屏,数字图形界面完全取代了物理钥匙。2014 年 3 月,苹果正式推出 iOS Carpiay 系统,在不受驾驶员干扰的情况下,加上 Siri 发音助手,车主可以使用地图导航、音乐播放、信息收发、电话等功能。沃尔沃是第一个实施这一系统的车。此后,随着技术的不断发展,娱乐界面的设计也越来越多样化。2022 年苹果更新的 iOS Carpiay 系统,CarPlay 车载系统让用户能够在驾驶车辆时智能、安全地使用各项 iPhone 功能。用户可以开导航、打电话、收发信息、听喜欢的歌。所有这一切,都整合在车内的中控显示屏上。不仅如此,CarPlay 车载还提供更多的 App 类别和适用于 CarPlay 车载仪表盘的自定墙纸。

3. 车内外信息交互界面

车辆内外信息交互界面存在于仪表层以及 HUD 区域和中间控制层,可根据用户需求或车辆的及时状态显示(图 5-15)。

图 5-14　娱乐界面

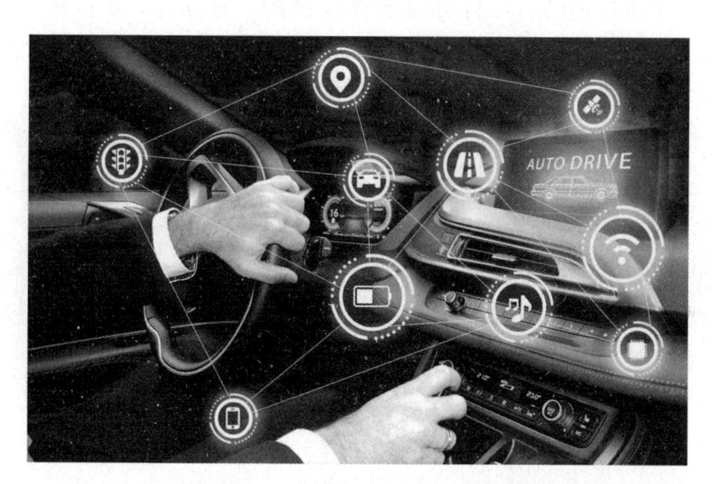

图 5-15　车内外信息交互界面

此外，基于互联网的交互式系统可以与移动式手持设备相连接。这样可以将车辆信息实时传输到手机，也可以通过手机及时读取和设置车辆状态，如通过手机应用界面显示停车、远程紧急开启和控制。例如，特斯拉开发了一个移动应用程序来解锁汽车并查看车辆信息，如电量和一些常用操作等。再如 2022 年，苹果更新了 iOS Carpiay 系统，电子车钥匙加上 Apple CarPlay 车载流畅的使用体验，让 iPhone 在旅途上发挥更多作用。有了车钥匙功能，用户就能用 iPhone 来解锁和启动自己的车了。而 CarPlay 车载让用户在驾驶时也能安全地使用喜爱的 iPhone 功能。

二、汽车中控系统调查分析

(一)文献综述

1. 历史

(1)过往汽车的中控:以按键为主。80后、90后这一代人应该都会有印象,其实最初的中控台哪有什么屏幕可言,那时候的中控台就是收音机和空调的调节器,而且都是实体按键的。事实上,20世纪初叶,国外汽车最初的中控台也是这样,没有屏幕,以实体按键为主,功能简陋单一。

(2)出现液晶仪表+中控屏,但屏幕较小。这个阶段开始出现中控屏以及娱乐化内容,但屏幕尺寸普遍是6寸到8寸之间,应用功能较少,用户仍习惯用手机作为辅助工具。

(3)随着电动汽车发展,大屏成为趋势。AI和人际互联等人车交互概念也跟着兴起,对于中控台的需求和功能复杂度也跟着越发精细起来,结果就是屏幕越来越大。

2. 功能

(1)多媒体。收音机、USB/AUX等外接设备、蓝牙音频、在线音乐App、在线电台、卡拉OK等提供多媒体资源的应用。

(2)导航。地图显示、路径规划等基本导航功能,以及车队行驶/路书等新型功能,可分为本地离线导航应用和在线导航应用。

(3)映射功能。mirrorlink、carlife、carplay、welink、applink等,能够将手机屏幕直接映射到车机上面,并实现双向的控制。

(4)人机交互。触屏、按键、语音、手势、人脸识别等用来和车机进行交互。

(5)车身信息显示和控制。车门、车窗、空调、座椅、空气净化器等状态显示以及通过HMI进行控制。

(6)ADAS 等辅助驾驶功能。倒车影像、全景影像、ADAS、自动泊车等。

(7)connectivity 连接模块。蓝牙/WiFi 连接功能。

(8)社交应用模块。微信、抖音等第三方车载 App 实现车内社交。

(二)基于深度访谈的定性研究

(1)车载中控未来发展趋势。第一,屏幕尺寸越来越大。从早期的4英寸、6英寸、8英寸,到现在主流的10英寸、12英寸、15英寸,近年来大型触屏成了汽车中控的设计趋势。第二,中控屏集成的功能越来越多。放眼市场,目前很多量产车的中控屏主要集成了娱乐、信息、导航、空调开关、车辆信息显示等功能。但随着车联网的发展,让人们对这块屏有了更多的期待,中控屏开始与车辆进行深度融合,让用户得以通过中控完成一系列车控的功能,如开关天窗、控制车灯等,甚至连接车内、车外的各种传感器,实现部分 ADAS 功能。不仅如此,为了尽量避免驾驶员因使用中控屏上的功能而造成的“分心”,一些车企开始研发适用于中控的更智能的人机交互方式,其中常见的有语音控制和手势控制两种。第三,与座舱内其他屏幕的互动性加强。这一点是伴随着汽车的多屏化现象一起出现的,由于现在很多汽车至少会搭载中控触摸屏和液晶仪表两块屏幕。

(2)车载中控系统的痛点。原厂标配的车机功能难以满足消费者需求,在受访车主所拥有的车载中控系统中,60%为后装自购。其中在经销商处安装的比例最高30%,车主之所以自购车载中控功能安装,主要是因为目前车载中控所带有的功能少,车主想体验更好的功能以及原车自带车机不好用。

其次,大部分的车机系统仍处在塞班时代,枯燥单调、用户体验相当有限等痛点依然十分明显。先不谈功能如何,就电子设备来说,硬件强才是一切得以流畅运行的基础。

(3)功能性、实用性、操作性和经济性,缺一不可。总体而言,现有车载中控的功能性、实用性、操作性和经济性,共同决定了车主是否愿意使用或再次拥有这种功能。

调查发现,车主极少使用某些功能的原因主要包括:有同样功能但表现更好的替代品,手机导航是典型案例,不希望造成额外的花费,不需要使用难度大、缺乏期待的效果等。

值得注意的是,不知道如何使用,使用难度大、功能难懂对车主使用某些车机功能造成了一定影响。因此厂商需要想办法提高消费者的使用率。除了改善功能设计以外,还可以通过销售人员的耐心介绍、在线上线下各种直传渠道进行使用方法讲解演示等。

(4)"辅助驾驶/导航"功能中,车主最依赖倒车影像监视系统。在车载系统中"辅助驾驶与导航"功能的重要性不言而喻。调查发现,受访车主对倒车影像监视系统的依赖程度很高,是受访车主使用频率最高的功能,受访车主对显示自动泊车系统的依赖程度较低。

受访车主对倒车影像监视系统的使用频率最高,评价也最高,75%受访车主表示该功能好用和非常好用。使用评价最低的是自动泊车系统,仅有59.5%受访者表示其好用和非常好用。

(5)车载智能系统方面,语音识别使用频率相对较低,且体验最差。在"语音识别"功能中,分别有近30%的车主从未使用过车载管家服务和语音识别功能,50%车主只是偶尔使用语音识别功能,20%车主只是偶尔使用车载管家服务。

尽管车载管家服务的使用频率不高,但在使用过该功能的车主中,体验却非常好。80%的受访车主认为该功能好用以及非常好用。使用体验相对较差的是"语音识别"功能。可见语音识别技术的识别率和准确性还有待提高。

(6)车载娱乐功能不可或缺。在访谈后发现大多数车载娱乐功能的使用频率都不高,但使用评价相对较好。

在车内装有"娱乐与互联"功能的受访车主中,30%从未使用过手机App远程控制,且高达40%的车主只是偶尔使用;1/4受访车主从未使用过车载视频系统。40%偶尔使用。使用频率最高的是车载收音机/CD/MP3,超过一半的受访车主经常或每次都使用。

(三)品牌竞争

目前,全球市场上主流的车载操作系统主要分为黑莓的QNX、开源社区的Linux、谷歌的Android三大阵营。

QNX是一款安全性和稳定性极高的微内核实时操作系统，具备高运行效率、高可靠性特点，是目前市场占有率最高的车载系统。

Linux是一款开源的高效灵活的操作系统，与QNX相比最大优势在于其为开源软件，具备很大的定制开发灵活度。

Android相比QNX和Linux，具有庞大的手机用户群体，能快速建立起软件生态，作为开源操作系统，Android无授权费用，对中低端操作系统开发商有很大的吸引力。

（四）基于问卷调查的定量研究

通过对10位用户的访谈，得出用户对车载中控系统的了解程度。未来更大范围地收集意见和统计实际情况，采用网络问卷调查的方法，进行统计分析，以了解整体性。研究问题主要包括用户对车载中控系统的了解程度以及希望去完好的部分。

表5-4　问卷调查设计

框度	问题	问题
人口信息统计	性别	是否有车
对品牌喜好	喜欢的汽车品牌	对汽车中控屏大小的喜好
使用中控屏的功能	中控屏适合的尺寸	中控屏里最多的功能
	中控屏的视觉风格	中控屏的版式
	中控屏的外观	中控屏的识别系统
	中控屏的界面图标	车载系统的功能覆盖
	中控屏的界面	
使用过程中的情况	使用中控屏的次数	中控屏的安全性
	中控屏哪方面重要	
对自己现在车载遇到的问题	对自己车的车载界面	不喜欢自己中控屏的原因
	遇到的问题	最注重哪些方面
后续希望扩展的功能	还希望有什么能	

三、车载界面信息组织和视觉设计

(一)辅助驾驶界面

驾驶员在驾驶过程中的环境十分复杂,需要同步处理大量与车辆运行有关的信息,特别是 HUD 区域的仪表和辅助控制界面设计(图 5-16)。数字图形界面极大地增加了这种区域界面的信息量,一方面使驾驶者能够根据需要获取交通数据和信息,以提高行车安全性;另一方面,大量信息涌入驾驶室必然会增加驾驶员的认知负荷,影响其注意力,因而造成安全隐患。由于这个界面部分是针对复杂的机器交互环境设计的,所以重点应该放在与驾驶过程密切相关的信息上,信息应该直观准确,层次清晰,以确保行车安全,减轻驾驶员的负担。

(作者:陈奕名、谭旭、古景明、许奇思,指导老师:张菁秋)

图 5-16 辅助驾驶界面

根据层次结构的信息值组织以及辅助控制界面信息，将不同功能的信息划分为不同层次结构和深度；将次要信息放在更深的层次上可以为基本信息的显示腾出空间，减轻驾驶员的负担。一些本地界面空间可以根据用户使用的频率和程度配置为显示内容和显示信息的方式。例如，有人担心瞬时油耗，有人担心里程长度，可以以图形或数字符号形式提供数据。在主界面上，要控制显示信息的总量，边缘的信息界面不仅要按类型分组，而且还需通过视觉设计突出和弱化不同的信息，在同一层次上一般通过颜色、亮度、距离的视觉聚焦定位来区分主次。

可视化设计辅助驾驶界面也围绕降低认知负荷，提高驾驶安全性。除了加强重要信息外，还需要考虑信息交互的有效性等问题，如确保图形和符号信息的识别、准确性和一致性。在辅助机器的控制界面中，主要是仪表显示转速、速度、水温、油量等。虽然有些测量机已经通过图形界面、数字和线条倒挂来表示速度，但传统的圆形刻度仍然是主流。研究表明，圆形刻度的优点是更容易被感知，以显示数据和聚合之间的关系。驾驶者可以将注意力集中在一个小的视野上，从而确保有效的获取信息。

从界面细节上看，刻度盘的布置、形状、大小、颜色、空间环境、颜色和指针形状（指示精度的确定），以及各种配置仪器的组合是界面设计中需要注意的问题。提高认知效率的同时减少因色彩的五花八门而导致的疲劳，通过材质、光线、色彩设计营造科技感，为驾驶员带来更好的视觉感受。例如，苹果 2022 年发布 CarPlay 的新覆盖了多个辅助驾驶信息。

（二）娱乐界面和车内外信息交互界面

车内娱乐界面和信息界面中的信息量非常大，其中大部分位于控制区，而仪表区界面子系统中的车运行信息量也很小。例如道路状况或环境变化，仪表区域的本地界面将根据环境的变化自动更改显示内容。上山爬坡导致车身倾斜时，界面会自动输出车身与路面相对关系的显示模式（这种设计通常是以视觉客观的视角为基础，让驾驶者更清楚了解车辆及环境的整体资讯）；或者车辆出现局部故障，如轮胎压力大、温度高，界面上相应的图形会动态闪烁，并结合相应的报警引起驾驶员的注意。

此外,这部分信息界面必须是平面和简单的图形符号,文本信息必须具有高度的字体识别能力,以便压缩文本显示基本信息,降低信息的维度。中控件领域的界面在主界面导航时通常是多层结构,结构复杂,功能丰富。最好不要让这个界面分区在驾驶过程中直接占用视觉信息资源,或者让精炼获得的信息在大的界面空间中显示出来。当然,通过语音通信交换信息是一种很好的方式,就像 Siri 的 CarPlay 语音助理一样,可以在 iOS 和 CarPlay 车载上使用 Siri 发送音频信息,开车时再也不必查看 iPhone 了,还能让 Siri 朗读收到的信息,你轻松开口就能回复。使用 Apple 地图导航时,你还能让 Siri 将预计到达时间分享给通讯录中的联系人,让他们心中有数。

此外,一些简单的界面可以用于交通堵塞或慢速行驶。例如与车本身的一些交互,特斯拉的虚拟控制界面完全取代了物理控制的按键来控制车灯、天窗、空调、座椅、底盘模式等。这部分设计用拟物化的界面元素,三维虚拟车身配置在界面中,通过车身部分界面控制实现与车的交互,从而设计更加直观,可增强用户的互动体验。该区一般亦设有倒车影像及泊车辅助界面,其中须考虑图形、符号及界面景观之间的关系。汽车的娱乐界面和网络维护界面是中央控制区中最大的界面,它们显示全车最大的信息量。除了语音控制以外,一般只能在驻车和长时间堵车的状态下进行交互,或由乘客进行操作。这部分的内容与移动应用程序界面有许多相似之处,完全可以根据其界面进行设计。但在此基础上,需要注意和研究机器内情况的特点,并与主界面和车内风格保持一致。

(三)界面视觉体验

界面视觉体验注重驾驶员的情感需求,包括科技感界面、可用性和安全感。基于人性化界面的设计,可以让用户感觉到人文关怀,从而提高产品质量。塑造形象和界面风格,能传达产品品牌思想,提高品牌认同和识别度。此外,不同类型的车辆需要不同的界面,以适应不同的目标用户,以及研究不同组别的驾驶特点,使他们可以扩展自己的用户界面。

（作者：李芷莹、候晓云、梁凤仪、柯童，指导老师：张菁秋）

（作者：陈奕名、谭旭、古景明、许奇思，指导老师：张菁秋）

图 5-17　娱乐界面和车内外信息交互界面

(作者:刘晓萱、刘雪君、赖秋茹、陈淑仪,指导老师:张菁秋)

图 5-18 界面视觉体验

四、特斯拉交互界面设计

对于几十年前学会了如何驾驶的人来说,驾驶现代汽车是完全不同的体验。新车配备了后视摄像头、障碍传感器、停车辅助系统、变道辅助系统、自适应巡航控制系统、自动驾驶系统,甚至 Web 浏览器。这些功能中的部分功能使驾驶变得更为安全和舒适,但前提是汽车设计师了解人类注意力的最基本事实:它是有限的。

(一)软按钮设计

特斯拉的 Model S 几乎没有物理控制装置,这些少有的物理按键大多被放在了方向盘或非常靠近方向盘的地方。这些按键控制了诸如巡航、自动驾驶、刮水器和照明灯等均可通过这些控件访问。

但是大多数“辅助”功能(包括后视摄像头、手机、媒体播放器和气候控制)没有专用的物理控件,取而代之的是仪表板上的 17 英寸触摸屏显示器。虽然这是一个大屏幕(面积是 iPad 的三倍),但它不能显示所有内容,因此,在特斯拉 9 版操作系统中,一些功能被放在一个可扩展的菜单中,使得事情变得更加复杂。

Tesla Model S 触摸屏:可从汽车 17 英寸触摸屏显示屏底部的菜单

栏中访问辅助汽车控件，如汽车气候、媒体播放器或后视摄像头。

箭头图标（主菜单中左起第三个）打开一个带有其他控件的子菜单（底部）。要关闭此菜单，用户必须点击原始菜单中现在出现的“×”图标来代替箭头图标。

尽管触摸屏仪表板比真实仪表板具有更大的灵活性，但它们有一个很大的缺点：没有触觉反馈。为了可靠地触摸这些按钮，人们必须看着它们。而使用物理按钮，我们可以学习并获取其位置，而无需过多关注（如果有的话），而找到一个软按钮需要我们在视觉上确认其位置。

如果软按钮隐藏在菜单下，则选择软按钮会涉及多个触摸屏交互，因此会花费更多的时间和精力。而且，在汽车中，花费在界面上的时间就是忽略道路的时间。

（二）目标位置会导致更长的交互时间

菲茨定律说，手指到达目标的时间取决于该目标的大小和与目标的距离。因此，放置在远离初始手位置的控件比放置在较近位置的控件要花费更长的时间。

当我们这一代人学会驾驶时，标准的手的位置是 2 和 10（对应于时钟上的数字 2 和 10）。随着安全气囊和较小方向盘的普及，美国国家公路交通安全管理局（NHTSA）更改了建议，现在 3 和 9 已成为最安全的位置。对于这两种手的放置，最佳的控制位置将在屏幕的左中间边缘，靠近驾驶员的右手。但是，Model S 的控件放置在 17 英寸屏幕的最底部，这是下一个最差的区域（在屏幕的右边缘之后）。

Tesla 操作系统的版本 9 将控制菜单置于远离正常驾驶的手的位置。红线表示正常右手位置（3 点钟）和控制区域之间的距离。

屏幕底部的控制装置也意味着眼睛有更多的时间从挡风玻璃移到菜单区，同时也意味着人们在忙于与触摸屏交互（和观看）时，很少有机会利用其周边视觉来处理道路上出现的意外风险。

在给定菜单中，最常用的选项应该是最容易访问的。然而，特斯拉关于菜单中控件顺序的决定是令人质疑的。第一个选择是访问汽车的所有设置和自定义设置，这在驾驶时不太可能经常使用这种设置。后视摄像头（可显示车辆后部全景画面，包括传统后视镜中被后座遮挡的部分）需要点击箭头图标才能展示，手机功能也是如此。目前特斯拉的可扩展菜单中,后视摄像头及手机功能排在日历、能量和网络浏览器功能之后。

(三)目标尺寸

目标获取时间中的另一个因素是目标大小:按钮越大,到达按钮的速度越快。然而,在版本9中,特斯拉决定缩小目标范围(大概是为了在可见的菜单栏中添加更多选项,版本8中为7,而版本9中为10或11)。许多移动端设计师都屈服于这种诱惑,但不幸的是,这并不能带来可用的设计。

用于控制媒体播放器的图标(播放/暂停,如“下一步”)小于建议的1cm×1cm触摸目标尺寸。然而,媒体播放器显示屏底部的标签(收音机、流媒体、电话等)要大得多(它们还包括一个标签和一个图标——我们强烈鼓励这种做法)。

(四)意外触碰

由于控制面板中的目标彼此之间距离太近,因此触摸错误的目标有时太容易了。例如,在很多情况下,驾驶员在尝试改变温度或点击气候图标时却触发了座椅加热装置。当驾驶员尝试通过向上滑动箭头图标(手势快捷方式可能受iOS启发)尝试访问最新的应用程序时,座椅图标也很容易被意外触摸。

当用户在应用程序图标上垂直滑动以启动最新的应用程序时,座椅加热装置可能会意外触发。当用户尝试调整驾驶员测温度时,可能会错误地点击同一座椅图标。

(五)地图始终显示在屏幕上

为了使人们能够从屏幕上快速获取所需的信息然后继续前进,在各种光线条件下,汽车仪表盘上的文字应易于阅读。文本太小,出现在内容很多的背景上或与背景对比度较低的文本通常不能满足这些要求。

但是,特斯拉的地图应用程序始终显示在所有应用程序的背景中。屏幕顶部的状态栏可能很难读取,因为它与地图文本融合在一起。此外，在两个应用程序窗口之间出现一条颜色鲜艳的分割线可能是完全不相关的（而且可能会分散注意力）。另外，没有一个应用程序可以被带到屏幕的最顶端，这不仅剥夺了用户的控制权（也违背了10种可用性启发式方法之一），而且也是浪费，迫使用户在最顶端看到地图的一小部分，其中包含的信息还非常少。

后台中的地图还使与其他应用程序的交互更容易出错：如果要增加应用程序窗口的大小，则必须从应用程序视图的顶部边缘拖动。但是，如果你不小心将手指放在窗口手柄上方，则不会发生任何事情。因为操作系统会假定你正在滑动地图，而不是最大化地图窗口。

例如地图出现在所有应用程序的后台，可能会干扰其上方显示的任何内容，或者可能会滑动以关闭或最大化应用程序。红色交通标志在日历和媒体播放器应用之间的区域中可见，可能使无关的信息分散驾驶员的注意力。（还要注意，日历应用程序是通过点击左上角的“×”关闭的，而媒体播放器应用程序是通过从其窗口顶部边缘的手柄向下滑动而关闭的。）

（六）理解显示的信息仍具有挑战性

如果要在驾驶Tesla时更改车道，可以使用以下任何信息来源。

（1）老式的后视镜加上侧视镜，然后左右转动头部以检查车道是否可用。

（2）后视摄像头（在特斯拉OS的早期版本中，用户可以将其固定在主触摸屏的顶部。现在，它不在最顶部，因此，要看一眼，这时，用户的眼睛需要从道路向下移动到触摸屏。）

（3）辅助屏幕上的车道辅助功能，当用户使用转向信号灯但车道不可用时显示红线。

（4）仪表板显示汽车是否可以安全地更改车道（顶部或底部），仅显示紧邻车辆的车道。

问题在于这些信息源都不完整（例如，后视镜视图被头枕部分遮挡了），当全部检查完这些信息时，车已经到达目的地了。因此，大多数人最终要做的是走捷径来节省交互成本，并且仅依赖其中一个信息源。我们认为用户最有可能选择哪一个？交互成本最低的辅助系统：在辅助仪表板上显示车道辅助系统,当转向灯接通时,辅助仪表板始终显示。①

当转向信号被开启,车道辅助功能同时在显示屏上出现。这个方法似乎让人们以更快的速度完成相同的任务。这是好事,对吧?不一定!除非能保证这个解决方案在任何情况下都能正常工作。事实上,特斯拉警告用户不要仅依靠车道辅助来改变车道。因为即使排除掉障碍传感器发生的错误(比人们预期的更常见),驾驶者要想正确解读仪表盘上显示的信息也是一项挑战。另一个问题是,驾驶者可能无法识别车道辅助的提示适用于哪个车道。

要了解原因,可以想象车在三车道的道路上行驶,并且想要将车道从最右边的车道切换到中间的车道。当驾驶者接通转向信号灯时,汽车可能会显示车道空闲。但是,一旦驾驶者到达中间车道,由于驾驶者的转向灯仍处于接合状态,汽车将显示有关切换到左车道的信息。然而,驾驶者并不总是完全知道自己的车的位置。因此,驾驶者可能会检查车道辅助显示,进行车道切换,然后再次检查显示,注意红色警报(这一次将涉及切换到下一个车道),将其误解为指代驾驶者当前的目标,并惊慌失措,使汽车掉头返回进入原来的车道。

这个例子指出了汽车设计师和制造商今天面临的一个重要难题。自动驾驶、车道辅助、碰撞检测等新功能有可能取代经验丰富的传统驾驶员行为,如回头看或检查后视镜。如果这些功能是功能性的,并且使用它们比执行我们在驾校学到的手势和动作更容易,那么它们将取代那些动作(我们是最省力的生物:我们始终采用需要最少工作的解决方案。并非因为我们很懒,而是因为我们有效率)。这就是为什么我们在新闻中听到有人化妆、玩游戏,甚至睡在方向盘上的消息,因为现在的汽车看起来更加安全。

(七)优秀设计元素

如上所述,可以对特斯拉的界面进行很多改进。但是,好的设计也有几个要素。

① 这实际上是一个成功地摒弃老套、精心排练的行为的例子——那些努力教用户如何变得更有效率的应用程序设计师应该从特斯拉的书中吸取教训:如果你让它比以前更容易,而且你总是在正确的时间向他们展示,那么用户最终会依赖它。

(1)大屏幕是一个优势:它可以并排查看多个应用程序窗口。切换应用程序可能会很痛苦(因为它确实涉及多次轻击并看着屏幕),但是能够同时查看其中的几个(例如,后视摄像头和地图或媒体播放器)使司机操作起来更容易。

驾驶是一种人们需要同时访问多个信息源(例如地图和后视摄像头)的情况,同时查看所有这些窗口的情况会大大降低用户的工作记忆负荷。(相反,即使在最大的平板电脑上,人们也很少将屏幕拆分为同时显示多个窗口,尽管此功能已经存在了一段时间。)

(2)该地图应用程序包含特斯拉特定的信息。例如,即使该应用基于 Google Maps,它也确实具有一些特斯拉车主专有的选项。

①增压器的位置会自动显示在地图上。

②导航到目的地时,地图显示到达目的地时电池中会剩余多少电量。

③导航应用程序允许用户根据拼车车道的使用来接收路线。

④地图应用程序显示到达目的地时将收取多少费用。

⑤自动驾驶和自动导航系统认识到发生故障的可能性,并要求驾驶员在活动时将手放在方向盘上。

特斯拉始终与互联网相连,可以通过空中接收更新。此功能既可以视为加号,也可以视为减号。这样做的好处是可以快速修复漏洞,并将其部署到汽车上,就像一个网站可以在一天之间切换颜色一样。有关驱动程序的分析数据可以很容易地连接,错误可以报告,问题可以修复。不幸的是,如果用户在先前版本中形成的期望突然被违背,不断变化的界面也可能造成潜在的致命问题。(此外,必须相信汽车制造商只会部署安全、经过良好测试的操作系统版本。)

综上所述,现代汽车是功能强大的计算机,它们可以通过各种传感器收集的信息来增强驾驶员的认知和身体能力,他们还可以通过一键式轻松实现众多便利功能,从而增强驾驶体验。然而,只有在汽车设计师考虑了数十年来设计计算机界面并遵循众所周知的可用性和人的心理因素之后,这些事情才能真正实现。

第六章　文化艺术发展中交互设计的应用研究

交互设计，很难用语言来描述，它完成了从功能应用到体验良好的转变，它既是一种表达形式，也是一种思维方式。从一定意义上说，它是集心理学、社会学、人体工程学、视觉传达、产品设计、文化艺术等多个学科于一体的设计，是一种高度跨界的文化思考。本章将对文化艺术发展中交互设计的应用展开论述。

第一节　艺术内容的交互设计路径

一、文化与数字融合教学

从用户的角度来看，交互设计是一种使产品轻巧、高效、愉悦的方式。优秀的交互艺术或交互设计，往往涉及一个人的参与，以实现作品的完成。中央美术学院交互设计实验室设计的谷歌网页应用程序、德国虚拟数字博物馆、清服饰体感物理交互应用、故宫数字应用程序、“奔驰”车载中控系统导航课题，以及与故宫合作的众多项目都属于美院人在交互设计领域所取得的成绩。数字思维的应用将有助于有形与无形文化遗产的保存，它是传播公共教育的最佳做法。他们的设计愿望是让用户通过良好的用户体验感受中国文化遗产有形与无形的魅力与追求。

探讨交互式教育与学习问题。虽然目前各种教育形式都在不断地演变和发展，但从教育分类到教育方式，基本上都是随着大数据时代互联网的快速发展，正在不断发生变化。

中央美术学院交互设计中心实验室是全国最早从事交互设计的高等院校之一。研究团队由数字媒体设计、产品设计、设计心理学、社会学研究、可用性测试等领域的教师和学生组成。其他研究方向为用户、模型建立、人机界面、用户体验、可用性测试与评估，并从事物理交互、体感交互等应用研究。其实验室具有以下主要教学特点。

(1)交互式。工作室的重点是综合教育。通过交互式学习，提高学生的思考能力、分析能力、理解能力以及设计能力。

(2)国际化。市场的国际化需要人才的国际化，而在市场全球化的情况下，未来的设计师不仅需要深厚的文化潜能，更需要国际视野和迎接新挑战的能力。

(3)交互设计实验室教学成果大，取得了很大的进步，这与他们先进的教学思想密不可分。教学理念是行动指南，要改革课堂教学就必须是教学理念顺应时代的发展。

二、艺术符号在交互界面中的应用

在艺术交互界面设计中，用于实现界面符号功能的方法称为展现手法。不同的艺术形式都有自己独特的表达方式。例如，文学作品的主要表达方式有夸张、隐喻等，放映电影就是剪辑。交互式符号的常见显示方法有：拼写、夸张、变形、抽象等。这些方法从公众意识的角度出发，结合大众传播的需要，根据内容要求设计交互界面。

特别是在内容传播的早期阶段，数字艺术中广泛应用写实和拟物的方法。从图形的角度来看，在显示数字界面时，优先考虑还原度高的图形，例如 ScatchBook 绘图工具在其交互界面中使用还原写实方法，SketchBook 软件使用界面工具符号能呈现物理世界的画笔，并能很好地呈现画笔的颜色、轮廓和其他组成部分。国内使用 QQ 软件非常广泛，它使用的是与现实世界相匹配的符号及声音，当用户进行通信时，会发出敲门声提醒信息，这种敲门声与信息提醒相结合的还原，正是对临场信息符号的模仿和应用。

(一)艺术内容呈现与界面符号的设计

交互界面符号的运用方法是一种较小的符号编码方法,设计者在交互界面中的技术和方法针对艺术符号的具体设计,是一种使交互界面更加完善和富有成效的方法。他们一方面考虑到艺术内容的传播,另一方面也考虑到设计师的个人创作。

每一位艺术家在研究了一个时代的艺术潮流之后,都有自己独特的设计风格,因此艺术也多种多样,交互界面符号根据不同的表达方式,其性质更为多样。目前,在数字技术领域,这种共性和个性也表现在符号设计技巧的层面上。从最新的演示文稿来看,设计界面的数字交互符号并没有太大的局限性,目前设计师可以在屏幕上广泛应用大量的物理对象,特别是 HDR"高动态区域"技术,这是因为屏幕在亮度范围、颜色范围、灰度、黑、白分级等方面有着优势。设计师拥有非常广阔的设计空间和非常多的设计手段,但在公众对艺术形式的感知中,特别是在艺术本身的内容方面,仍然需要设计。交互符号的设计技术,它是物理层的像素,设计的内容以发光像素的形式显示;从工具的角度来看,存在着大量的设计方案;从内容上看,它是艺术内容本身要素的结合。以故宫 App 系列"紫禁城"为例,界面底部有三个符号,代表内容、主页和一般交流,这些功能经常被网民使用,特别是主页在用户体验中是"家"的象征,这种认识有着共同的社会基础,设计者在设计的时候,要在这个基础上创造出一种艺术内容的结合,需要注意房子的形状是宫殿形,以及窗户的符号元素,这些元素很好地引导和暗示了艺术内容本身。

在数字环境下,由于信息的高速交换,电子媒体的阅读技巧不断变化,需要设计者采用不同的显示方式和方法,使交互界面不断满足用户的审美需求(图 6-1)。

(二)界面符号与艺术内容的组合方式

在传统艺术的展示和传播过程中,艺术内容的呈现或艺术内容符号系统的组合发生在一定的时空环境中,要么在物理空间中,要么在时间范围内,要么两者兼具。例如,绘画、雕塑等艺术形式就是艺术符号元素在物理空间中的结合。因此,传统艺术的元素以更坚实、紧凑的组合形式呈现给观众。就个别艺术作品的内容而言，艺术符号的结合是艺术作品内容中符号元素之间的联系。

图 6-1　外卖 App 交互设计

1. 界面元素与内容的对比

最常见的比较方式是艺术的象征性元素的结合。艺术是情感的表达，而情感的激发则需要相应的刺激，无论艺术符号的存在与艺术符号的对比度，其在情感刺激中是薄弱的，艺术对象的情感品格也难以提升。因此，在对艺术元素进行编码时，艺术家会将艺术符号的对立属性放在一个空间或是在连续的时间流中，从而在观众心中产生一定的情感对比，突出艺术元素的情感内容，传递想表达的艺术信息。

在数字领域中，交互界面中的符号和艺术内容的连接将集成到以前的模式中，用户通过界面元素进行交互时会涉及内容切换，这种切换可以采取显示电影视频剪辑的形式；在呈现内容时，将需要设置一个对应于以图形形式呈现内容的下一个关系；在交互过程中对声音的反馈可以涉及强音和弱音，而这又与音乐的强音和弱音变化有关。因此，符号界面元素需要对类似的应用程序进行综合考虑。如“故宫陶瓷馆”应用程序，这个 App 项目结合了交互式界面中的几种对比方法。在界面标志设计中，线性元素被广泛使用，因为瓷器本身作为符号，提供了“圆形”符号图像的表示，所以在界面设计中，直线被广泛使用，通过这种对比突出了瓷器的艺术本体；在色彩组织上，通过深色背景突出瓷器色彩的亮度和纯度,很好地展现出瓷器的艺术品质;启动图像界面时采用毛毛虫元素,进入地址页时采用语音背景,一方面可以让用户快速进入艺术内容流程,另一方面可以减少用户观看艺术内容时的干扰。

2. 渐进下的重复组合

在艺术作品中多次使用相同或相似的符号元素,也可以强化信息表达中的艺术内容,即我们在艺术创作中经常使用的重复手法。符号在交互界面中的重复和渐进使用也需要重复的艺术美,这可以有效地引导用户理解和欣赏艺术内容。如应用程序"《胤镇美人图》"中的绘画采用横向重复呈现的方式。由于作品数量巨大,在交互界面的设计中需要考虑重复和节奏之间的平衡。因此,该应用程序采用了类似于中国屏风密度和纵横交错的呈现方法,还模拟了距离和距离的透视效果,很好地解决了完整画面的呈现问题。在设计菜单界面符号时,由于需要同时显示16个对象,重复是不可避免的。同时,我们也应该考虑到绘画的时间顺序。为了实现这种机械意义上的重复,App在设计中采用了"出框"的设计方法,将字符头部放置在圆形画框之外,这样就很好地解决了界面中大量重复圆形符号的问题。

3. 体现均衡的对称美

如果重复是定量定义的,那么两个重复对象可以理解为对称。广义上,对称是以对称轴为基准点,两侧两个符号单元以对应的形式表示。在艺术领域,这种对称不能理解为机械重复,而是应该包括所有设计元素的内容和审美对称,因此这种对称还需要包括平衡的艺术美。

在界面符号的设计和应用中,由于它关系到用户的识别和操作,界面符号的数量通常相对较少,可以更好地突出界面符号的元素。对称是一种常见的设计方法,需要特别注意符号元素的平衡,以避免机械重复对称。应用程序"《韩熙载夜宴图》"中交互界面符号的设计兼顾了对称性和平衡性。"《韩熙载夜宴图》"App综合考虑了页面上下左右对称的平衡,也呼应了艺术内容本身。上半部分有9个菜单部分。通过合理排列密度关系,使图片的左右权重更加一致;同时,由于上部复制和交互符号在视觉上反映了很大的面积和重量感,下面的解释性文字采用了更深的颜色匹配,通过符号元素的交叉对称,上部的颜色抵消了上部的面积和重量。此外，这些象征性的色彩元素是从绘画本身的色彩中提炼出来的，从而引导用户对艺术内容本身的欣赏。

4. 内容与界面的节奏韵律

节奏的艺术体验广泛存在于艺术作品中，是艺术内容感受的重要组成部分。节奏是指在艺术内容和艺术作品的宏观整体上，各种艺术符号之间的节奏感。节奏感是艺术家在作品中通过比较、重复、渐进等方式向观众传达的综合心理体验。优秀的艺术作品必须有感染力的节奏。

在数字交互界面的设计中，节奏和韵律需要从艺术内容本身出发，在审美层面上统一交互界面的节奏和艺术内容；同时，更重要的是，交互界面符号本身的节奏也需要有节奏地安排和设计，因为用户对艺术内容的欣赏和理解是通过交互界面符号完成的，其中交互界面承担着艺术内容节奏的引导功能。在这个引导过程中，我们应该注意对艺术内容本身进行阐释。在App“故宫瓷器”中，艺术内容的鉴赏对象是瓷器。瓷器作为一件艺术品，需要从历史年代、工具类型功能、材质、表面机制等方面逐步了解。因此，在交互界面符号的设计中，要按照艺术欣赏的渐进要求，做好各级符号设计节奏，将界面符号本身视为艺术作品，并注意节奏。应用程序启动后，采用时间线的方式，用一条简单的直线介绍欣赏对象。这一阶段的鉴赏是一个浅显的概述，因此它使用了相对简单的界面符号元素，并采用了直线连接的方式；说到具体器具的欣赏层，由于需要引导用户注意不同的艺术鉴赏内容，因此使用了丰富的符号设计技巧来突出这一层面的各个关键点。随着交互的深入，艺术作品的主体逐渐后退，交互符号占据主导地位，让用户可以获得更多的信息。由此可见，交互界面也具有节奏的特点，与艺术欣赏高度同步。正是这种源自艺术内容本身的节奏使得交互界面能够很好地完成交互引导任务。交互界面的符号应用组合并不孤立存在，通常需要互换使用。只有根据不同的艺术内容，采取适当的设计方法，才能使多种元素和方法共同发挥作用。

第二节 UI 界面动画交互设计

一、UI 界面动画交互设计的要求

(一)富有个性

这些是 UI 动画的基本要求,UI 动画旨在摆脱传统应用程序的静态设置,创建独特的动画效果,从而创造吸引人的效果。

在确保 UI 界面样式一致的前提下,独特个性的 App 表达式是“个性化”UI 动画设计的必要条件。同时,我们必须使动画效果的细节符合既定的交互规则,使其“可预测”。因此,UI 动画将有助于改善用户之间的交互,并保持移动应用程序用户之间的通信。例如,在设计餐饮应用程序界面时,使用了动画放大和缩小的过渡效果(图 6-2)。界面非常高效,整个应用程序的界面切换模式是统一的。过度动画还为应用程序添加了弹性效果,使界面动画更加个性化。

图 6-2 餐饮交互界面设计

(二)为用户提供操作导向

UI 界面中的动画效果应该很容易让用户满意。设计师必须将屏幕视为物理空间,将 UI 视为物理元素。它们可以在这个物理空间中打开和关闭，自由移动，完全扩展或集中在某个点上。动画效果应随着运动的移动而自然变化，并在动作之前、期间或之后向用户提供适当的指示。UI动画必须引导用户充当向导，以避免用户疲劳，减少额外的图形命令。

例如，在界面工具弹出图标的动画设计中，开发人员可以利用界面背景变暗和惯性弹出图标元素，有效地创建界面的视觉焦点，以吸引用户对弹出的三色功能图标的注意力来控制用户。另一个例子是界面动画设计（图6-3）。如果用户单击主导航界面中的一个选项，该选项将自动展开并填充整个界面，然后通过优雅的动画切换到另一个界面。界面颜色和切换顺序显示清晰的层次感。

图6-3　界面动画设计

(三)为内容赋予动态背景

动画效果应为内容提供背景,并通过背景表达内容的物理状态和环境。在摆脱模拟对象细节和纹理的设计限制后,用户界面设计可以自由表达违反环境规定的动态效果。向对象添加拉伸和变形效果或向列表添加有趣的惯性滚动是增强用户界面体验的有效工具。

例如,与日期对应的应用程序界面设计使用不同的背景色来指示当前日期和未来日期。当用户拖动界面时,应用程序使用拉伸点来表示拖动效果,并使用不同的背景颜色在界面顶部显示以前的日期信息,以有效区分界面中的不同信息内容。另一个例子是导航界面的设计,设计者使用不同的背景颜色和简单的图标来显示不同功能的导航选项(图 6-4)。当用户在界面中上下滑动时,惯性弧效应会显示在每个导航选项的背景中,留下有趣的印象。

图 6-4 导航设计

(四)引起用户共鸣

在 UI 界面中设计的动画效果应该是直观和共鸣性。UI 动画的目的是与用户交互,并产生共鸣,而不是让用户感到困惑甚至惊讶。UI 动画和用户操作之间的关系应该是互补的,两者共同有助于完成交互。

例如,在设计中,各种功能选项使用不同的背景图片作为背景,当用户点击界面中的一个选项时，该选项会逐渐放大并过渡到高亮状态，这可以有效地将性能与其他选项区分开来，提高用户的操作体验（图 6-5）。另一个例子是，在设计中，移动应用程序界面设计了符合用户直觉的界面过渡动画效果。在列表界面中，每个列表项的右侧都有一个“右”箭头图标。单击列表项时，应用程序根据用户的期望向左滑动，并切换到相应的界面。“左”箭头图标显示在界面的右上角，表明单击返回上级界面。

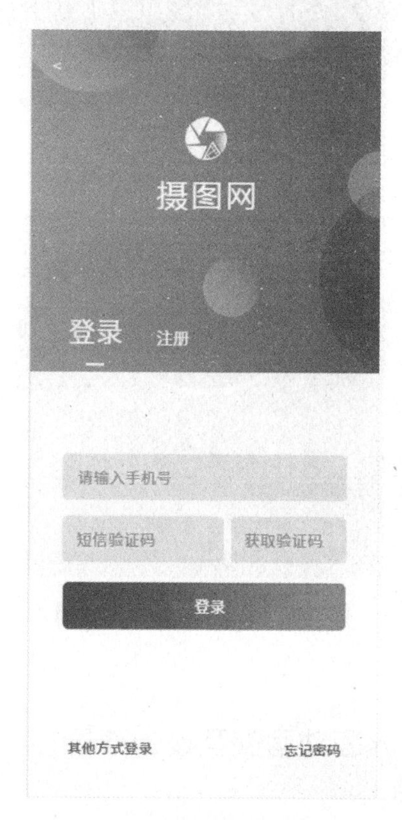

图 6-5　App 登录界面设计

（五）提升用户情感体验

良好的 UI 动画可以激发用户的积极情绪，平滑的滚动可以带来舒适感，有效的动作执行通常会令人兴奋。例如，在设计音乐应用程序界面时，界面的乘法效果非常流畅。当用户单击界面右上角的播放按钮时，该按钮首先转换为动画形式的暂停按钮，然后播放列表选项消失。

同时,界面上方的图像和暂停按钮会自然过渡到界面中间,变为圆形图像,让音乐播放界面平稳过渡,平稳过渡会给用户带来流畅感,有助于提高用户体验(图 6-6)。

图 6-6 音乐 App 界面设计

二、常见 UI 界面动画交互设计效果

(一)滑动效果

按用户交互手势移动消息列表,然后返回到相应位置。将页面保存为预设格式,这种交互式动画意味着定向动作动画,滑动内容取决于用户使用的手势。它的作用是通过在方向上移动来帮助用户清理页面内容层次结构。如果列表中显示 UI 界面元素,可以使用滑动效果,例如选择一些字符、选择样式等来显示滑动效果。

（二）扩大弹出效果

界面内容从缩略图转换为全屏视图（通常这种内容也会移动到屏幕中心），反向动画的效果是将内容从屏幕面板转换为缩略图。扩展弹出效果的好处是，它可以向用户清楚地表明原地点击已经增加。如果 UI 界面元素需要统一的用户交互，那么可以使用扩展效果使过渡更自然。

（三）最小化效果

界面元素在单击后缩小并移动到屏幕的相应位置。相反，动作放大，从任何图标或缩略图切换到整个屏幕。这样做的好处是用户可以清楚地指出在哪里可以找到最小的元素，如果没有动画，可能需要时间才能找到它们。如果用户想要最小化界面中的某个元素，那么可以使用与它来自的原理相匹配的最小化效果。

（四）对象切换效果

对象切换效果意味着当前界面产生变化，新界面向前移动以清楚地解释界面之间的切换，不会让人难以理解。使用对象切换效果，让用户清楚地了解切换某些界面时出现用户常用的界面。

（五）展开堆叠效果

界面中堆叠在一起的元素被展开，能够清楚地告诉用户每个元素的排列情况，从哪里来到哪里去，也显得更加有趣。如果某个 UI 界面中需要展示较多的功能选项，就可以使用展开堆叠效果。例如一个功能中隐藏了好几个二级功能，使用展开堆叠效果，有利于引导用户。

（六）翻页效果

翻页效果是指当用户在 UI 界面中进行滑动手势时，会出现与现实生活中相同的动画效果。翻页的动画转场效果也能够清晰地展现列表层级的信息架构,在现实生活中更具情感化地模仿动画效果。

当用户执行某些页面抽取操作(如看小说、读长篇文章等)时,应用程序使用翻页效果会更贴近现实生活,引起用户共鸣。

(七)标签转换效果

标签转换效果意味着根据界面内容的切换,标签按钮在视觉上会发生变化,标题也会随着内容的移动而变化,从而可以清晰地显示标签和内容之间的关系,并允许用户理解界面结构。

标签转换效果应用于在同一层界面之间切换时,例如导航切换或运行时。在 UI 界面中使用标签可以让用户更好地理解体系结构。

(八)融合效果

融合效果意味着 UI 界面元素通过单击或组合将彼此分离,用户可以感觉到元素之间的连接。与直接切换相比,显然更有趣的是使用合并动画。

融合效果适用于用户在界面中的功能图标上工作时,这可能会触发其他功能。例如,当使用运动应用程序开始健身或跑步时,单击功能开始图标,应用程序将同时显示暂停和结束图标。

(九)平移效果

如果图像不能在有限的屏幕上完全查看,则可以在界面中添加带移位的交互式动画,还可以使用放大动画效果,例如在水平移动的基础上放大,使界面更实用。

通常,在某些界面中,当内容大于屏幕时,可以使用动画效果,这种方式主要使用在地图类应用程序上。

(十)滚动效果

滚动效果是指根据用户的手势、界面内容进行滚动动作,动画效果非常适合在 UI 界面中查看信息列表。滚动交互式动画是 UI 界面中最常用的交互式动画效果，它还允许在滚动的基础上添加其他动画效果，使界面更加有趣和丰富。

当用户在UI界面中需要垂直或水平滑动时，可以使用滚动效果，如界面列表、图纸等。

三、UI界面动画交互设计的原则

学习动画的同学应该都知道迪士尼的动画设计12原则吧？这可能是传统动画领域，最为重要、价值不可估量的原则之一。它是Ollie Johnston和Frank Thomas在他们的书《生命的幻觉》中所提出的。虽然这些原则最初是应用在动画设计当中，但是实际上在如今的UI界面当中，同样是适用，并且效果拔群。这12条原则当中，绝大多数都可以应用到UI的动效和交互设计当中，从而让交互和体验更上一层楼。以下基于这12条原则，梳理出了9条适用于UI设计的原则，分别论述。

（一）挤压和拉伸

在动画当中，挤压和拉伸主要体现在对象在受到重力影响的情况下，物体的表现，这种动画效果能够体现出质量、重量和柔韧感。当弹球在撞击地面的时候，会呈现出这样的挤压和拉伸。在UI界面当中，挤压和拉伸则多呈现在按钮类的元素上。

比如当按钮被按下的时候，可以加入挤压拉伸的效果，通过这种动效能够很快让按钮呈现出接近真实的物理感。当然，除了按钮之外，它还可以体现在很多其他的交互元素上。

（二）预备动作

预备动作，通常指的是提前告知用户即将发生的事情，让设计和用户的预期贴合起来。一个角色要将箭射出去，他需要抬起手臂向后拉，你会清晰地看到射箭之前“引而不发”的状态，然后你会对于箭射出有所预期。在用户界面当中，当你悬停在按钮之上的时候，按钮会变化，进入“悬停”状态，它就昭示着它是可被点击的，这就是它的预备动作。悬停交互会告诉用户下一步可以做什么。水平滚动的控件通常会展示出某些元素的一部分,让用户意识到可以滑动交互。

(三)时间控制

在传统的动画当中,时间控制决定了帧数的绘制数量和内容。帧数越多,动画就越流畅,相应的内容变化也可能更慢。同时,一个动画所耗费的时间长短,也会影响到其中角色的表现力和用户的心情。

时间控制是动画设计的基础。时间控制和缓动在动画编排中发挥着重要的作用,过于漫长的过度会让用户等太久,如果太快,用户可能会觉得错过重要的信息。通常,绝大多数的动画时长会控制在 200ms 到 600ms 之间,诸如悬停和点击反馈通常会控制在 300ms,而过渡则多为 500ms,你可以参考 Material Design 中动画的时间处理。值得注意的是,右侧的过渡会让用户觉得等待太久。

(四)渐快和渐慢

现实世界当中,绝大多数的事物的运动规律都遵循缓动的规律。换句话说,没有东西是突然开始运动,又突然停止的,自由落体也是有加速过程的。

所以,向 UI 元素当中添加缓动效果,能够让元素看起来更加自然,符合预期,结合缓动和时间控制,就能够定义整个界面的运动系统了。例如设计左侧为匀速运动,没有缓动,而右侧加了缓动之后,看起来更加自然。

(五)表演与呈现方式

为角色设置舞台,让角色像登上舞台一样进入场景。换句话说,你需要借用动画效果来进行“叙事”,考虑如何让它进入场景,如何呈现,怎样表演,如何借用镜头语言来引导用户的注意力。

在 UI 界面当中,表演和呈现方式对应的就是元素的放置位置,以及元素如何进入界面,怎么抓住用户注意力,进行合理的动画编排。

当你在思考如何呈现一个音乐 App 的界面的时候,你可能需要基于用户喜好来推荐类似歌曲，那么喜欢/收藏音乐将会是一个重要的交互，和这首歌相关的歌曲可能需要一个独立的界面来呈现，于是你要凸显喜欢/收藏按钮，要让歌曲从列表中跳出，并且在下方列举出相关的音乐。

（六）弧形运动轨迹

纯粹的直线运动的事物很少，从高处抛出的球的运动轨迹是弧形的。很多时候弧形轨迹更符合自然规律，也符合我们的日常认知。

在 UI 界面当中，重要的元素可以使用弧形运动轨迹来呈现，会显得更加自然舒适，尤其是那种沿着对角线运动的元素。

（七）附属动作

在传统动画中，附属动作主要是用来支撑和辅助主要动作的。比如一个正在行走的角色，其头部的摆动和转动通常会被视作为附属动作，在 UI 界面当中，辅助动作可以让主要的动画效果更加突出。这些元素在需要用户反馈的地方，显得非常有用。所有的微交互几乎都是基于“附属动作”的原理来进行设计的。

（八）夸张

在很多场景当中，角色需要具备足够的吸引力，那么可以使用某些夸张的动作来吸引更多的关注。

在 UI 界面当中，最重要的交互可以使用夸张的动效来强化，引起用户的注意。Material Design 当中的 FAB 动效就是一个最典型的夸张式的动效，它最终的静态效果是很吸引人的，因为它将一个按钮的色彩扩展到整个界面，并且在所有元素的最上层，强调到了极致。

（九）跟随动作和重叠动作

没有任何一种物体会突然停滞，通常运动是一个接着一个的。还有一个更加简洁的表述为“跟随动作”。想象一下一只兔子从高处跳下，当兔子开始运动的时候,它的耳朵会随着运动而自然地偏移和摆动,当兔子落地的时候,身体基本静止之后,它的耳朵可能还在动。前一种情况是"跟随动作",视差滚动就是典型的跟随动作。而后者则是"重叠动作",前一个动作停止之后,某些部分仍然处于运动的状态。

在UI界面当中,可以让元素在静止之前,调用一个其他的交互和动效,从而让整个动效和交互更加流畅连贯,且自然。模态弹出框的跟随动作,在底层动效停止之后依然运动,然后才静止下来。在滚动的时候,卡片和底部的元素以不同的速率运动,类似视差。

综上所述,在实际的设计过程中,UI动效和交互应当根据实际的情况来灵活调整,让整个UI界面在保持自然的情况下,在正确的位置加入不同的交互、动效以及微交互,这会让整个交互和UI界面本身的功能更深层地结合到一起。

第三节　多媒体中的交互设计

一、多媒体中交互设计的常见类型

(一)数字影像交互式展示

数字影像式交互式展示主要指展示内容为影像式。影片拍摄、数字后期制作、动画片等以观众视觉欣赏为主要形式的展示都可划分为这一类型。这种展示类型的承载形式非常多样,例如环幕、弧幕、虚拟现实影像、LED屏或者投影机等都可以来承载各类影像。这一类型的特点是展示形态技术成熟,大众普及度高。此类展示形式便于在各种类型的展示场所、活动现场应用。这种类型也便于借助于电视以及网络传播(图6-7)。

图 6-7　各类数字影像式交互式展示

再如位于北京大兴航站楼二层的“光影之旅”数字体验馆运用先进的投影、音频和交互技术等方式，为游客提供一个欣赏和体验艺术的沉浸式交互空间。该体验馆由序厅和主厅构成，配备 15 台科视 Christie DWU850-GS 1DLP 激光投影机。展厅以“大师眼中的四季”为主题，游客可以在体验馆的墙壁和地面近 130 平方米的投影画面中欣赏到八幅艺术珍品的数字投影效果，包括凡·高的《杏花》《绿柏麦田》《星月夜》《向日葵》《丰收》《野玫瑰》，莫奈的《睡莲》《融化的浮冰》。这些画作彰显了大自然的美丽，启迪我们对四季更替和万物更新的思考。“光影之旅”数字影像体验馆是一个创新型文化空间，通过充满沉浸感的投影效果让游客放松并欣赏世界著名的艺术作品，使他们觉得自己仿佛已经融入画中。

（二）触控交互式展示类型

触控交互式展示类型是指以接触屏幕或按键为交互媒介的展示类型（图 6-8）。例如，通过身体触碰、电容笔等触控屏幕来实现信息交互。这种展示类型目前非常常见，市场上已经出现各种类型的触摸屏。实现触控交互的技术类型也非常多元化，如：电阻式交互屏幕、电容式交互屏幕等。触摸屏技术的每一次提升都极大地推动了数字展示领域的进步。这类触控交互式多用于空间信息查询、签到系统、菜单式信息展示屏等展示场所及环节。①

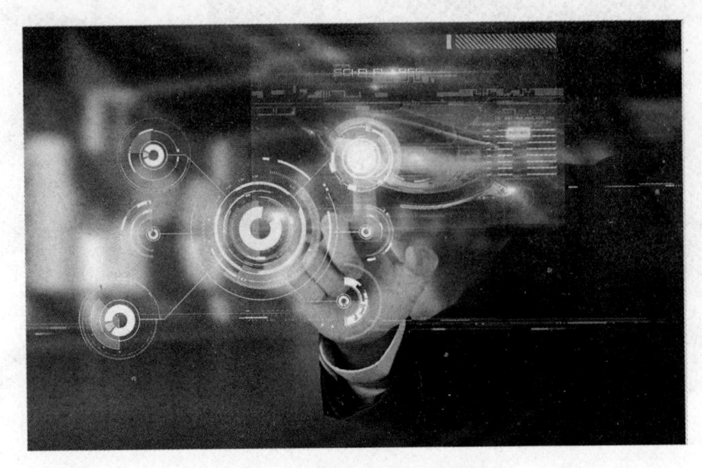

图 6-8 触控交互式展示

目前触控交互展示会向着网络化、远程化的方向发展。例如,基于微信平台的数字展示更多的是借助于个人的智能手机来实现交互。电子签到系统也是越来越多地脱离固定地点的屏幕签字,而是基于移动终端(智能手机、平板电脑等)来实现电子签到。

(三)体感交互式展示类型

体感交互是指以身体非接触式为交互手段的数字展示类型(图 6-9)。主要借助于各类感应器来实现这类交互展示形式。例如,借助红外感应的交互翻书展示形式;基于计算机视觉技术和投影显示技术营造的地面交互投影;基于 FFT 算法的声音交互展项以及基于 Kinect 设备的视频交互展示形式等,都可以属于体感交互式展示类型。

再如交互式多媒体展示厅的体感交互游戏,交互式多媒体展厅的交互展项最有吸引力的要数体感交互游戏了,体感游戏本质上是一种通过人类肢体动作变化来操作的新型电子游戏,如交互沙滩,想和海洋生物进行有趣交互,挥动你的小手就可以吓跑小鱼小虾;如交互体感拍照,带

① 孟磊. 高等院校设计学精品课程规划教材 数字展示设计[M]. 南京:江苏美术出版社,2016.

你玩转各种拍照新姿势，而且体感交互拍照一体机在待机的情况下还可以播放宣传片，这是一个很好的宣传品牌的机会。

图 6-9　体感交互

（四）手持终端交互式

手持终端交互式主要是借助于智能手机、Pad 等设备，基于安卓或者 IOS 系统以及其他平台开发的程序实现交互的数字展示类型。主要借助各类程序平台实现这类交互展示形式。这类的数字交互展示的形式非常多样，既可以有通过 Pad 交互的展项、通过智能手机交互的展项，又有通过手持有线设备交互的展项，以及通过手持无线设备交互的展项等。

例如通过手机 App 与 AR 技术，将原本静止的实体模型与动画相结合，投影出形象生动的 3D 立体视觉效果，帮助儿童学习 STEAM 相关知识，相当于将现有的科教玩具结合新技术，进行再一次升级。再如 Play Shifu 是一个由国外学生组成的创业公司。他们也开发许多其他 AR 产品，但 Orboot 地球仪绝对是他们功能较全面的产品。Orboot 是一个特制的直径 10 英寸的地球仪，再加上一个配套应用（iOS 或安卓端），孩子们就能在 AR 的环境下观察地球以及做一些有趣的小活动。其原理是利用 AR 技术在移动设备上显示与现实结合的生动 3D 图像，可浏览世界地理、历史文化、生物介绍等各类知识百科，还包含问答测验等交互模式。地球仪上的图标会弹出变成生动的故事、动物以及地图,这样孩子们就可以通过多种方式进行交互。比如喂大象各种各样的食物来了解它喜欢吃什么,探索登上珠穆朗玛峰的几个不同路线,或是听一个肯尼亚人或中国人讲故事等等诸如此类的活动。

(五)技术隐藏式展示类型

技术隐藏式展示类型是编者通过研究相关实例来总结的演示类型。这种类型的展示主要基于数字技术的某些原理和算法,以及常规的硬件或图像,以主题和空间展示的形式隐藏先进的数字媒体。这种类型经常出现在各种艺术装置中。

由德国著名建筑设计公司 Atelier Brüecknen 设计了慕尼黑新的宝马博物馆,于 2008 年 6 月 21 日开幕。德国慕尼黑宝马博物馆最具代表性的项目之一是 Art+Com 公司开发的"设计之家—动态美学塑造"项目。这次展览由德国杰出的新媒体设计师约阿希姆·索特主持。他的目标是用 714 个金属球解释一辆汽车的设计过程。首先是一种从抽象形式慢慢开始的混沌状态,然后是一个设计沟通和思维碰撞的过程,在这个过程中,各种概念相互固定,最后整个机器浮现出来。在这个展示空间中墙体上面的文字在随着内容的演进过程(中)时而浮现时而隐藏,从侧面说明小球正在演绎的内容。这一数字展项的原理可以简单归纳为:一是用存储器控制多通道输出电压的程序;其次,应力变化准确影响伺服电机旋转,伺服电机连接透明丝线,透明丝线拉球准确上下。要显示的动态图案是通过整个球矩阵形成的。

二、多媒体交互展示设计应用实例——国宝全球数字博物馆

2021 年 2 月 9 日,腾讯携手光明日报在春节期间推出"国宝全球数字博物馆"微信小程序,收录全球顶级博物馆近 300 件馆藏中国文物珍品。该小程序采用腾讯自主研发的"高清拼接"和"三维全景"的数字技术,首次实现文物珍品《康熙南巡图》第三、四卷跨越地域的数字化"合体",并通过算法被渲染在一个虚拟 3D 空间。画卷中还设置有春节祝

福、趣味知识等动画彩蛋。

该数字博物馆小程序收录的展品来自法国吉美国立亚洲艺术博物馆、美国纽约大都会艺术博物馆及巴黎市立赛努奇亚洲艺术博物馆三大博物馆。其中包括法国吉美国立亚洲艺术博物馆的新石器时代双耳尖底瓮、战国枇杷搭扣、唐代千手观音，巴黎市立赛努奇亚洲艺术博物馆的商代虎形卣，以及美国纽约大都会艺术博物馆的唐代照夜白图、五代三龙碗、宋代树色平远图。

腾讯集团副总裁、阅文集团首席执行官、腾讯影业首席执行官程武表示："2019 年，腾讯启动国宝全球数字博物馆计划，首批数字藏品是 25 件藏于法国吉美博物馆的中国瑰宝。2021 年春节，我们全新升级推出'国宝全球数字博物馆'小程序，搭载了沉浸式云浏览技术，让用户在春节足不出户就可云游全球国宝，享受数字技术与传统文化相结合的美好体验。我们希望，基于新科技与新文创的力量，能给文物的数字化回归带来好的指尖体验，让更多国人感受到国宝跨越时空的永恒魅力。"

在"国宝全球数字博物馆"中，文物珍宝并不是一张简单的照片，在腾讯多媒体实验室自主研发的"高清拼接"和"三维全景"等数字技术的加持下，用户能够指尖交互，感受别样的魅力。以《康熙南巡图》为例，这部由清初六大画家之一王翚等众多画家历时三年完成的恢宏长卷，以十二卷的篇幅描绘了康熙第二次南巡的盛景。眼下，除第一、第九、第十、第十一、第十二卷藏于北京故宫博物院，第六卷部分残卷被香港近墨堂所得外，尚存于世的第二、第四、第三、第七卷均被海外博物馆所藏。在科技力量的帮助下，藏于美国纽约大都会艺术博物馆的《康熙南巡图》第三卷、藏于法国吉美国立亚洲艺术博物馆的第四卷，将实现首次跨国数字化"合体"。用户进入云游览页面，可以感受到视觉上的立体纵深感，仿佛身处画面中全景观赏，体验文物云游览的创新升级。画卷中还设置有春节祝福、趣味知识等动画彩蛋，为用户带来新技术与传统文化碰撞的惊喜与趣味。

国宝文物之所以珍贵，经济价值仅仅是最微末的一环，它们穿越千年时光而来，身上所承载的历史底蕴和文化内涵，才是真正的魅力根源。换句话说，只有让更多的国人对国宝背后的文化与传统感到认同，国宝的文化价值才越能得到体现，历史才越能得到传承。

基于这一洞察，"国宝全球数字博物馆"还特别推出了"文物云拜年"的创新玩法，精选了三大合作博物馆中，从新石器时期到清朝的 15 对

"兄弟文物"。每一对文物都出自同一朝代、属于同一类型甚至出自同一套系，比如两尊同样来自河北易县的辽代等身三彩罗汉像，15 对文物将在线上实现跨地域"相逢"，共同向用户"云拜年"。

不难想象，这种既契合春节时间节点，又符合现代人口味的交互形式，不仅改变了人们对博物馆乃至传统文化的刻板印象，也在潜移默化中让用户与文物靠得更近，了解得更深。正如程武所言，基于新科技与新文创的力量，腾讯希望为文物的数字化回归带来更好的指尖体验，让更多国人感受到国宝跨越时空的永恒魅力。而过去与现在，传统与创新，也在一次次指尖的触碰中，得到了传承与联结。

第四节　虚拟古建筑中的交互设计

一、虚拟古建筑交互展示设计

虚拟古建筑中的三维全景显示包括 3D 场景初始化、带暂停的场景自动旋转、视角缩放和移动、场景切换和整个屏幕显示。为了让使用者能充分透过浏览器浏览及欣赏古建筑，必须为每座古建筑设置一个或多个观察哨，让用户可以在设计的 3D 古建筑古迹周围自由走动，并可随心所欲地缩放和移动视觉，从不同角度、不同细节看到虚拟古建筑，让用户真正感受到它们近在咫尺。

(一)三维全景展示技术

"全景"一词来自希腊语，意思是"每个人都能看到"。三维全景显示法是指利用全景图像显示虚拟真实环境，通过将全景图像反向投影到几何曲面上来恢复场景的空间信息。简单地说，通过处理过的照片，用户创建了三维真实的感觉。

（二）网络虚拟漫游技术

虚拟古建筑或虚拟古城，如上海世博会虚拟世博园、虚拟紫禁城、虚拟卢浮宫、上海、北京、广州、“第二人生”[①]等虚拟城市系统，大致可分为以下几类。

第一种是 Web 3D 技术，以 Virtools、Cult 3D 和 X3D 为代表。该技术基于 Virtools 3dviewer web 插件，该插件提供了出色的 3D 计算能力和图形渲染能力。网络插件支持图像逼真度和艺术效果。

第二种是以 Action Script 3D 引擎为代表的 flash 平台技术。该技术基于 Action Script 3D 图形算法，在最流行的 web 浏览器 flash 平台上控制 3D 对象的显示和交互，因此用户无需安装过多插件即可体验虚拟空间。然而，轻量级浏览器插件完全依赖于处理器进行 flash 3D 图形操作，并且其对虚拟对象的艺术渲染能力较弱，因此其使用情况稍差。

第三种是以 OpenGL、DirectX 和 java3d 为代表的大规模客户端在线游戏技术。这项技术与浏览器分离，以网络游戏开发的形式构建了一个虚拟城市。它的三维图形可以完全由硬件图形卡执行，因此在技术允许的情况下，可以充分显示其艺术渲染效果，而不考虑浏览器的承载能力。这项技术的典型代表是虚拟故宫和第二人生虚拟系统。然而，如果用户想要体验一个虚拟的紫禁城，他们将不得不花很长时间预下载一个更大的客户端，这可能会成为许多用户舍弃的原因。

（三）虚拟空间的用户浏览

查看虚拟空间有如下三种方式。

定点视图：用户以特定的视角浏览，其动作可分为六种：圆周视图、向上视图、向下视图、斜视、变焦距、浏览时间变换。

运动视图：用户从不同的角度浏览，这是对现实世界中人们的抽象步行。运动视图包括连续运动和跳进运动。连续运动是指在虚拟场景中沿着空间链观看，分为前进和后退。跳进运动是指在不经过空间链的情况下跳进。

---

① 可以让你体验全新人生的模拟类游戏。

虚拟视图是指用户直接跳入指定视图,该视图是为了便于浏览直接访问感兴趣的虚拟场景而定义的。

时间变化视图:包括了视点中的变时间浏览,意思是视图之间或视图之间的时间转移。

古建筑虚拟交互系统最终为用户提供了一个进行交互演示的虚拟空间。用户可以通过移动键盘、鼠标等进行控制。例如,当用户向左观看时,场景图像向右移动;用户向右看时,场景图像向左看;当用户俯视观看时,场景图像会向上移动;当用户仰视观看时,场景图像向下移动。点击图标时,焦距图像逐渐出现;单击图标时,小焦距图像会逐渐显示;当用户单击场景中的"前进"箭头时,Ajax 会与服务器交互以获取下一个场景的数据,然后切换场景并通过在画布中同步显示当前场景来更新场景。以及根据上下文创建导航箭头;按下暂停按钮时,情况停止/开始自动旋转;单击屏幕显示缩放/压缩到全屏/窗口屏幕时,还可以移动鼠标光标以查看整个 720°空间,并滚动鼠标光标以增加角度。

二、虚拟古建筑交互设计中的要素

(一)漫游视景效果

目前虚拟漫游设计热点研究变形视图技术以达到漫游效果。小部件的修改可分为"内插"机制和实现图像变形的"外推"机制。具体来说,"内插"机制利用线性插值或非线性插值来获得图像的变形效果,"外推"机制根据现有的变形信息,根据经验公式模拟局部变形模型,然后对模型进行外推。

为了在建筑场景中实现真正的漫游效果,当用户进行水平移位时,由于图像各部分视角和深度的变化,前后图像没有严格的比例关系,可以使用简单的缩放来实现图像垂直移位的效果。同时也有效地减轻了图像的负担。具体实现过程是:按比例缩小最后一个图像,然后简单放大两个图像,并从第一个图像过渡到第一个第二个图像,即完成垂直移动过程。这种忽略图像深度的方法可以实现简单快速的平滑移动效果。如果场景景观深度不是很高,那么这种方法可以得到较好的效果。然而，缺点是在过渡到新阶段时可能会出现重复。

漫游的视觉效果在很大程度上决定了古代建筑中虚拟用户的感知效果。视觉的流畅性和真实性可以带来心理上的认同，从而实现有意识的自然融合，而实验的虚拟建筑文化正是在这种融合的条件下实现的。只有视觉和心理的协调才能导致文化感情的相互理解，实现用户感知从场景漫游到文化的无形转变。

（二）场景图

场景图是虚拟现实系统视觉感知的核心要素，无论是三维建模、动画还是虚拟交互都围绕场景图展开，特别是在用户之间漫游体验的过程中，其本质是认为虚拟系统会随着用户视野的变化而改变模型，切换和显示图片的效果反映了系统位移的质量。而漫游是虚拟建筑交互系统用户视觉文化体验的主要方式。

场景图提供了有关虚拟现实的所有信息，包括世界上所有 3D 静态特征的几何关系、材料、纹理、几何变换、光、观点和嵌套元素的结构。场景图的生成方式决定了系统模型的精度，而画面的显示方式决定了人与机交互的效率。可以说，场景图处理对于虚拟现实系统至关重要。古建筑虚拟交互系统同样是围绕着场景图展开，其中场景图的变化代表漫游和交互的效果。

（三）运动

在古建筑虚拟系统中，运动是多方面的，有场景图形的变化、用户眼睛的移动、场景对象的移动等。一般来说，主要线索是用户观点和用户行为的变化。首先，场景的变化取决于用户眼睛的移动，随着场景对象的不断切换和移动，除了预先设置的动画外，还取决于人物的动作。无论是浏览、漫游还是交互游戏的性质，用户的行动对改变局面起着至关重要的作用。用户主体地位是虚拟现实系统的一个特征，它不同于电影、动画等传统多媒体形式。

用户主导的运动一方面是观众移动所引起的情况变化的结果，在用户的监督下进行的图像运动则是由虚拟摄像机根据景观的变化进行的，是展示建筑物的主要方式；另一方面，它是用户自己的运动。具体而言，图形的运动一方面来自用户实际物理运动的数据,另一方面来自虚拟系统中虚拟图形的运动。

用户在虚拟场景中的移动通常以“化身”的形式进行。系统中的人物都是虚拟的人,要让他们移动,虚拟人物必须是驱动力。目前人们主要用关键的技术和动作作为捕捉人物动画的控制技术。关键帧技术通过在不同时间点手动调节角色的不同关节来手动控制角色的运动。通过这种方式,人物动画会有很大的工作量,也不适合基于真实性原则的古代建筑虚拟系统。

而且,根据现代建筑虚拟系统对人物运动的要求,研究虚拟人在计算机生成空间中的动态特性,实现虚拟人的动作或虚拟人的动画进行真实显示,必须符合人体运动的基本规律,可以是虚拟古建筑系统中控制人物运动的一种简单的视觉方法。目前,肢体虚拟运动和虚拟面部是研究的热点。

三、案例设计——数字故宫

博物馆似乎天生有着和 VR 技术结合的优势。近年来,使用 VR 技术,将展厅和文物搬到线上,已经成为众多博物馆的工作重点。其中,最出名的案例就包括故宫博物院的“数字故宫”小程序。

2020 年 7 月,故宫博物院发布了“数字故宫”小程序。在过去的一年中,“数字故宫”小程序与观众一同在文物世界里探索、在全景间漫游、在慢直播中走过故宫的四季……有近 500 万名来自天南海北的观众通过这一全新的渠道到达故宫、了解故宫、走近故宫。科技将旧日的古物转化为新时代的文化力量,通过“数字故宫”展现出中华优秀传统文化在时下重新焕发的无限魅力。

12 月 21 日,由故宫博物院与腾讯携手打造的“数字故宫”小程序首次升级,2.0 版本正式上线。除了整体视觉焕然一新,新版小程序还优化和添加了在线购票、预约观展、院内购物等“实用”版块,进一步完善一站式参观体验。2.0 版本整合“智慧开放”理念,新增更加精准的开放区域线路导航、参观舒适度指数等重要开放服务功能,支持用户实时查看故宫各主要开放区域的参观舒适程度,并内置 7 条有趣的“定制游览路线”。为适应更广泛人群需求,此次小程序 2.0 还进行了无障碍功能升级，让视障人群、老年人既能通过指尖云游故宫，也能通过小程序享受更多线下游览便利。

故宫是世界文化遗产，国家5A级旅游景区，是在明、清两代皇宫及其收藏的基础上建立起来的国家综合性博物馆。自1925年10月10日故宫博物院正式成立并向公众开放以来，服务观众、服务开放就始终是故宫博物院需要首先面对的重要课题。为进一步提升服务能力，本次升级中引入“智慧开放”的概念，针对观众线下参观中存在的痛点，以技术为基石打造更舒适的线上＋线下融合游览体验。

（一）推荐路线，精准规划

基于LBS（基于位置的服务）精确位置服务打造官方推荐路线导览，覆盖全院的精确路线规划让“寻路”不再困难。搭配官方语音讲解，一天、半天、三小时游览……无论观众是想“体验紫禁城的日常”还是“避暑”“赏秋”，都有相应的路线推荐。此次升级还首次在小程序这一载体中实现了AR实景导航功能。借助这一技术探索，观众可以在故宫内通过AR实景实时探路，解锁瑞兽三维模型，尝试更“立体”的参观体验。

（二）轻松消费，一键直达

故宫书店和“传给故宫”影像商店入驻，提供更流畅的游览和购物体验。通过线上与线下的场景结合，小程序能够为观众减轻参观负担，提供更多消费选择。不论是在商店内直接购买，线上下单、门店提货或者希望直接邮寄到家，任一方式都可以通过小程序轻松实现。

（三）哪里人最少？看就知道

以往观众参观时，有时会遭遇热门场馆过度拥挤的情况，既在排队过程中浪费大量时间，又影响游览体验。新版小程序基于腾讯地图服务全新上线“参观舒适度指数”功能，观众可随时查询重要景点附近的参观舒适程度信息，并结合查询结果灵活调整游览路线，实现自助式“错峰”游览。

(四)有什么问题？问就行了

全新打造的智能导览助手小狮子，AI随身导游全程陪同讲解。融入了数智人解决方案的智能导览助手更加博学、灵动，不仅可以在游览过程中与观众进行实时语音问答，还可以根据内容展示不同的个性化表情、动作与情绪，为观众提供更加有趣的智能导览、讲解及闲聊服务。

(五)更智能、更友好、更简单、更开放

值得一提的是，“数字故宫”小程序2.0还从视觉、交互等方面针对视障人群、老年人群进行了无障碍升级。操作方面，小程序新增视障辅助读屏功能，高效指引视障用户找到要点信息。导览方面，结合故宫博物院现有无障碍设施，小程序内置无障碍路线及设施指引服务，实现从内容到功能全方位无障碍体验。

“数字故宫”小程序2.0得到了腾讯地图智慧景区团队、腾讯云小微AI团队的技术支持。自2016年达成战略合作以来，故宫博物院与腾讯一直致力于共同探索产业互联网领域的深度数字化，和传统文化的创新性表达。双方围绕文学、动漫、游戏、音乐、展览等领域探索新文创合作，并打造了数字音乐活动《古画会唱歌》、连载漫画《故宫回声》等多个现象级案例。12月18日，“‘纹’以载道——故宫腾讯沉浸式数字体验展”也正式对外开放，故宫与腾讯再度联合，借助腾讯沉浸式渲染、图搜和全景声等技术，带领观众沉浸式体验古建筑与藏品中的纹样世界。从新文创内容生产到全面数字化合作，随着双方合作的不断深入，故宫博物院与腾讯将探索更多“科技＋文化”的新内容和形式，用新科技和新文创的力量，把故宫文化传承下去。

总体来说。在“数字故宫”中点开“全景故宫”，即可开启云上畅游，实现“一人包场”。采用VR全景技术，“全景故宫”360度全方位展示了故宫各个院落。

用户不仅可以参观各个宫殿，还能进入实地游览中一些不允许进入的区域，真正实现在故宫中畅行无阻。部分殿宇还能呈现不同季节的景色，只需点击图标一键切换就能欣赏冬季故宫的银装素裹或金秋的天高云淡。

此外，故宫博物院还推出了可以让用户佩戴 VR 眼镜沉浸欣赏的“V 故宫”。“V 故宫”以故宫古建筑的三维数据可视化为技术手段，再现了金碧辉煌的紫禁城。

这里除了宫殿景观之外，还利用技术手段虚拟复原了部分场景。用户可以真正“走进”殿宇，身临其境感受故宫的恢宏，比如以第一视角走进乾隆皇帝的“秘密花园”倦勤斋，近距离观赏东五间的装饰工艺贴雕竹黄和双面绣，等等。

第七章　交互设计的发展与未来

万物互联的时代正朝我们走来，智能化设备随处可见，各种内置传感器可以记下我们和实体产品的每一次交流，大数据已不再是网络世界的专有名词，各种实体产品也将不再只是物理部件的简单组合，人与人造物的互动将会更加丰富多彩。在这样一个可以想象的未来，对实体产品新的交互方式的研究将极具价值，并且利用计算机技术进行交互设计的研究也能够迁移到实体产品的领域上来。本章将对交互设计的发展与未来展开论述。

第一节　物联网中的交互设计研究

一、物联网的释义

物联网的观念主要源于1999年由美国麻省理工学院(MIT)创建的自动识别中心(Auto-ID Labs)。“网络射频识别系统(RFID)”，通过射频识别等信息传输手段，通过互联网实现对所有物品的智能识别和控制。物联网的英文翻译是“The internet of things”，从那时起，人们就不难理解物联网与互联网密不可分有着千丝万缕的联系。物联网是通过许许多多的传感器，把传感器感受到的周围环境的信息，包括图像、声音、振动频率、温度、风向等各种各样的物理世界的信息，通过互联网传送到终端处理器，经过数据分析处理，延伸和扩展到任何物与物之间，使物与物、人与物之间产生高效、方便的交互。

随着交互设计遵循商业市场的秩序和规则，其设计方式不断发展。

在现代贸易和科学技术的影响下，交互不再局限于观看和使用等基本功能，而是一次又一次地扩展：它可以是产品手册、目标产品质量的变化、新的广告载体，甚至是产品本身。

为了吸引消费者的注意力，目前的交互设计和外观形式多种多样，其产品要么时尚，要么简单，要么多彩，要么简单而充满活力，以便在多元化的消费市场中树立自己的独家形象，从激烈的消费市场竞争中脱颖而出，从而推广自己的产品。相关研究表明，“80后”已经成长为市场消费的主要群体之一。这些人从小就不熟悉电脑和互联网。目前，他们处于快速的生活和工作状态，对消费者质量有很高的要求。消费品和消费模式需要方便、简单、定制和人性化。物联网可以为人们的消费行为提供更便捷的网络平台。

与传统交互设计相比，物联网交互设计有着明显的区别。首先，在数字信息时代，云计算、物联网和大数据不断更新设计思维和设计表达的概念（图7-1）。交互设计的包容性思维与网络思维在设计体系中相互作用，呈现出独特的特点。在这个阶段，交互设计师应该以物联网的思维为指导，深刻理解交互设计的概念。交互设计的高迭代速度和设计的高迭代成本使交互设计速度变慢。由于网络数据的及时性，物联网时代的交互设计具有设计不断更新和迭代的优势，其背后的逻辑是不断研究用户的需求和偏好，以不断优化交互设计。

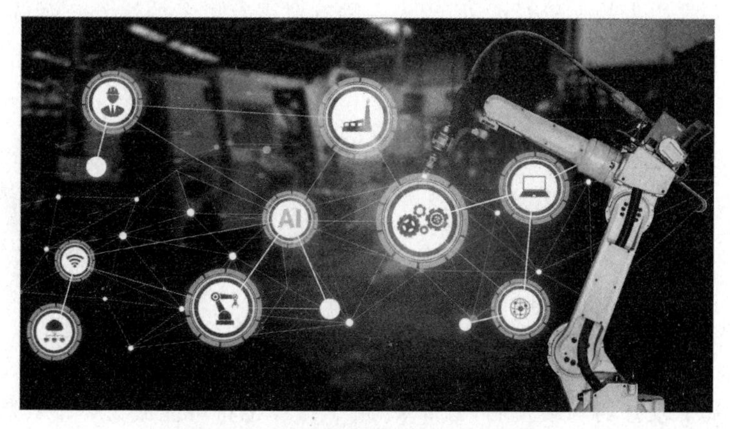

图7-1　物联网交互设计概念图

二、物联网下交互设计未来发展趋势

(一)更自动化

以阿里达摩院的研究来看,未来的物联网设备会更加智能、自动化、可视化,主要是用来顶替更多的人力资源和解决效率问题,这些交互会根据目标群体的行为自动触发计算和执行,以达摩院的"城市大脑"对交通信号灯的研究为例,可以通过自主判断路口交通情况来决定更加人性化的灯光指示方案。又比如一般的自动售货机,通常都要先选择物品并支付才可以完成购买,而阿里园区的自动售货机可以基于芝麻信用或授权后,直接刷脸或扫描开门后直接拿走物品并自动结算。

(二)更智能化

依托更高级的计算能力,产生更智能化的输出。以语音交互或自动驾驶技术来参考,语音交互已经不是简单的播放暂停、自动报时了,已经可以完成初步的人机对话了,给人一种有意识有思考的体验。而自动驾驶更不是简单地加油刹车或转向了,它要判断路况识别信号还要能够应对紧急情况,这都是智能化的体现。

语音交互更是在我们身边触手可及,依附于手机、智能音响、智能电视、家用电器等,不仅解放了双手输出命令而且识别的正确性越来越高。

(三)云计算

基于较好的网络发展,云计算/量子计算也将可能成为一个大趋势,像华为的"云电脑"、阿里云的"无影",它们都采用了云计算/云渲染/云存储的方式,简单讲就是产品本身服务方式成为了"DaaS"的模式(即Desktop as a Service),这意味着设备更多以信息采集和传输为主,而不再因为计算存储渲染而占据更多设备空间，设备可以更轻量化，处理能力却可以更优秀。

（四）傻瓜式

智能科技为人们带来了更多方便，使得人们可以更轻松地搞定某个任务，提升了效率，节省了时间。但同时也使得用户养成了一些更懒的习惯，一旦过程漫长，程序复杂，用户就会开始抵触不易理解，因此物联网设备的发展趋势一定是操作更简易，交互更轻松更灵活的。应对更加复杂的用户群体，学习成本不能过高，交互门槛要低。

（五）设备联动

设备之间产生关联性，在特定环境下形成设备生态链互相协作。例如智能的浴缸联机到手机，下班前启动热水系统，放好洗澡水等，这可以大大放开交互的空间限制，使得交互方式更加灵活。而硬件共用的场景可能会是基于同一个"智能管家"，只要你的命令由离你更近的设备采集到就可以告知管家并执行，想象一下回到家，在门口说了一声打开楼道和主卧灯光，然后你就可以在明亮的灯光下一路到卧室，最后，进入被窝后说出一句口令关闭所有灯光。

（六）可视化

更多信息反馈可视化，易于查看易于理解。以智慧园区为例，3D可视化的园区展示，多点智能监控配合卫星视图，全局监控园区情况，实时并发故障快速定位查看，园区停车位数据大屏显示，车位分布情况一目了然。人员流动数据可视化，每日趋势峰值均可见。水电等资源数据可视化，消耗成本可见，能耗节省计划效果看得见。

如果拓宽思维，发展特征应该还有诸多，但考虑到能够对设备本身或交互有更多创新空间或影响，笔者认为以上几个方面会比较有意义，当然也欢迎大家进行补充探讨。

第二节 人工智能时代中的交互设计

一、人工智能的释义

人工智能(图 7-2)已成为许多行业中关注的流行语,自然,我们的设计界也不例外。在这个飞速发展的时代,各位设计师和他们的产品团队之间都正在围绕人工智能展开合作。我们所谓的人工智能,其实本质上是高级计算系统。它们的存在,让机器可以像人类一样工作和作出交互反应,这些算法机器就会给人一种它们像人类一样“聪明”的样子。既然机器这么“聪明”,所以我们还必须要了解另外一个关键术语——机器学习。它是人工智能的一个子集,已经在当今的交互设计领域当中广泛使用,机器学习就是利用计算机算法进行行为模式识别并进行分析学习。

图 7-2 人工智能概念图

举个例子来说,在我们使用包括 Google 在内的各种搜索引擎和社交平台的时候,系统会根据用户的个人状况、偏好、位置、搜索和浏览历史记录等各种资料,为我们提供个性化推荐的网站,为我们过滤掉电子邮件中我们不感兴趣的信息。当然因为机器学习、人工智能的存在，我们拥有了基于语音交互的机器人 Alexa、Siri，还有 Google Home。我们也有了人脸识别、图像识别等计算机视觉应用程序，可以帮助我们对数百万张图像进行分类，供我们搜索。

尽管我们已经掌握了很多人工智能技术，但大多数人工智能的世界仍然是未知的，我们需要花更多的时间，确切地弄清楚人工智能将如何在设计世界中工作，就像我们曾经对人类自己的探索那样。

二、人工智能交互设计未来发展趋势

（一）帮助人类设计

我们可以从两个角度来思考人工智能在我们的设计领域的应用："辅助我们的创作工作"和"为我们提供新的设计思路"。

在我们设计师的设计创作阶段，设计师就可以开始进行大胆尝试，让人工智能、机器算法来帮助我们简化一些设计工作，提高工作效率：人工智能可以帮助合成和分析一部分用户研究数据，帮设计师绘制交互流程线框，协助进行原型设计、视觉设计等一系列设计工作，帮助设计师创建一套设计系统，可以帮我们完成启发式分析、用户测试等一系列数据分析工作等。

当然，人工智能作为一个"高精尖"的科技手段，在我们用设计解决生活当中问题的时候，本身就是一个重要的问题解决手段，我们就可以用人工智能来为我们的设计打开思路——当人们使用产品时，他想要感受人工智能为我们带来的独特用户体验——人工智能技术可以在个性化数据分析、集合增强/虚拟现实技术的沉浸式体验、语音交互接口、计算机视觉影像处理等实践项目当中应用，展示出其神奇的作用，大幅改善用户的体验。

（二）使用人工智能做更好的设计

和所有其他的人造物产物一样，包括人工智能在内的人类制作的所有数据模型都代表着人类本身的观点和想法,所以要创造一个和谐的人工智能世界,就需要设计者严格建立并且遵守人工智能驱动的设计原则。要知道,人工智能本身还是为人服务,让人类满意的。我们可以给大家举例列出一些人工智能设计原则,给大家做一下参考指向。

(1)诚实。对交互过程中有关数据和信息保持足够透明,对用户诚实负责,这样用户就会信任人工智能,信任你的设计。

(2)人性化设计。通过一些拟人化的信息交互反馈、语言和语气,使整个体验人性化,这是人工智能设计的最佳结果。

(3)用设计为用户减少选择。我们希望通过人工智能的分析,对用户会做出的选择进行预判,这样用户就会减少一些选择的纠结。

(4)减少用户的信息输入。我们希望,从用户那里获得的最少的信息数据输入,通过人工智能聪明的"大脑"来解决重要的用户问题。

(5)无歧视的设计。在构建机器学习模型时,消除所有可能的歧视形式。无论是从技术角度来看,还是从社会、环境角度来看,我们希望的人工智能设计结果都必须是合法、道德和健康的,它应该是对所有用户平等对待的。

(三)设计回归自然

在人工智能时代,设计师需要重新设计服务,真正使用以用户为中心的设计方法,更需要深入的理解和发现用户最自然和最本来的行为习惯去设计产品。未来的产品,一定更接近人类的自然行为,回归人类最本能的体验,拉开人与设备的物理空间,并摆脱材质局限,自动(主动)基于结果内容实时反馈(预测)用户行为。所以,产品设计需要充分挖掘在界面后面的核心体验,而不再停留在界面层。提升效率的途径不再停留在页面层,必须让整个服务意识变成系统化。特别是随着语音技术的进步,未来的产品方向,或者说是人机交互的方式,极可能是语音与屏幕的立体交互。

总之,在未来,人工智能必然会渗透到工业设计之中,进而为设计师提供创作设计上的帮助。设计师们可以以人工智能作为辅助工具,融入自己的想法,再添加一些自身对产品的构思以及想法,给人工智能系统提供可以学习的设计方案,为其提供具有个人创作特色风格的作品;使人工智能系统可以拥有充足的信息对创作方案作出分析，进而根据用户的需求，设计出初步的方案图片，给设计师提供了更加广泛的思路，帮助工业设计师完成优秀的产品设计。

第三节　大数据时代的交互设计

一、大数据的产生

大数据的产生并不是空穴来风，而是技术发展积累到一定程度的结果，任何一个事物的出现都需要一定的时间、地点等条件。大数据也不例外。

（一）时间：不间断性

传统数据是伴随着一定的运营活动而产生的，并在产生后存储至数据库，如超市只有用户发生购买行为之后才会产生交易信息，该阶段数据的产生是被动的，具有这种数据产生方式的阶段被称为“运营式系统阶段”；随着互联网技术的发展，以智能移动终端以及社交平台为媒介，大量通话以及聊天记录的产生标志着“用户原创阶段”的到来，该阶段数据产生呈现主动性；而后，云计算、物联网以及传感技术的发展，使得数据以一定的速率源源不断产生，该阶段的数据呈现自发性，该阶段被称为“感知式系统阶段”。通过以上分析可知，数据产生方式经历了被动、主动以及自发式的历程，其已经脱离了对活动的依赖性，突破了传统时间的限制，具备了持续不间断产生的特性。

（二）地点：无领域限制

大数据已经出现，其发展之势就格外迅猛。各个行业都在借助大数据的力量来为自己的成长添砖加瓦，尤其是一些比较依赖数据分析的行业，例如医疗、金融、互联网、科研、教育、航空航天，等等。

在金融领域,股票交易、用户的消费信息以及账户记录这些需要精细化数据研究的都有赖于大数据作为支撑。在互联网领域,网络媒体的点击数据、电子邮件信息消费者的消费信息;在教育领域,学生的成绩单、学习信息,不同阶段学习教育的分析;对于物联网来说,传感器要感知周围的环境、设备信息的收集都离不开大数据。

(三)条件:人、机、物协同作用

数据的产生,并不是机器单独工作的结果,而是一个人、机、物相互作用的过程。"人"指的是人的活动,正是这些活动产生了源源不断的数据,活动的种类是数不胜数的,既包括人如何使用、在什么条件下使用,也包括使用的效果,在大数据视点,这些活动信息将会事无巨细,惊喜到任何一个人都想不到的程度。在人类的活动背后有着深厚的历史、社会和心理原因。"机"指的是信息系统本身,人与"物"之间的活动会以信息的形式保存下来,这些信息会议以多媒体数据、文件等形式存在。"物"指的是我们所生活的物理世界,其涉及各种具有采集功能的设备,如摄像头、医疗设备、传感器等。

可以看出,在当今,数据的产生方式也已经由"人机"或"机物"的二元世界向着融合社会资源、信息系统以及物理资源的三元世界转变。数据就这样在人、机、物协同作用下,不间断、无领域限制地产生了,其必然导致数据性质的变革,这也就衍生出了新的概念——"大数据"。

二、大数据对界面交互设计的影响

(一)扩展设计的范畴

在大数据时代,对于界面交互设计来说,大数据可以检测用户行为和消费习惯,收集数量巨大、类型众多的数据,并且对数据进行深入挖掘,最终呈现出对于界面交互设计具有重大价值的信息。在设计的时候,这些数据能够在设计之前和设计过程中起到指导作用。在设计完成、产品上市之后,还可以通过大数据的收集来了解用户的使用体验,从而提高设计水准、改善用户在使用过程中的体验。

大数据技术拓展了界面交互设计的范畴，UI设计不再仅仅是符号信息的生成、识别、接收与处理，而是依托大数据技术实现信息系统、网络媒介、移动终端产品和用户的全方位数据融合，共同构建成一个完整的系统来服务数字化、社会化的个体用户。界面交互设计必将拓展出新的设计理念、设计层次及设计维度。

（二）转变设计理念

界面交互设计的目的是为了给企业和用户之间创造一个可以交互的界面，用户的体验和反馈在这里处于核心的地位。所以，可以说，界面交互设计一直以来都把"以用户为中心"当作设计的出发点和落脚点。在之前的UI设计当中，以拟物为代表的设计风格曾是移动终端界面设计的重要风格和设计理念之一。这些以高光、纹理、渐变、阴影等为特征的拟物化图标和操作方式，唤起了用户对于操作界面的亲切感，也增加了界面本身的设计质感。然而，随着信息时代的不断进步与发展，这种拟物化的设计形式与智能产品数字信息流动化的本质特征愈加难以契合。

大数据手段的应用和推广收集了全面的用户体验信息，这就为设计理念得以深入"以用户为中心"的本质，提供了极大的参考支持，能够帮助企业从更广泛的角度包括产品之间的交互（产品的可识别语言）、用户与产品的交互（用户交互体验）等方面，对界面设计进行全新的理念设定，这种设计理念的变化导致了网页终端、移动终端界面设计方法的创新及设计风格的变迁。

（三）创新设计方法

以大数据收集到的数据为指导，我们发现，抽象、简练、符号化的设计元素会让用户有更好的体验。这种方式也更有利于UI设计终端拓展出更加多元化的功能。

1. 图形元素简洁化

使用二维效果，删除多余拟物化修饰，从按钮到图标，界面所有元素都保持高度简洁,并使用矩形、圆形、方形等简单的形状,如下图 7-3 所示,就是一个非常简洁的 UI 设计界面。

图 7-3 简洁的界面交互界面

2. 配色体系明艳化

配色力求明艳、统一。用色以高饱和、复古色、鲜亮色或黑、白、灰之类的单一色为主。复古色给人以柔和舒缓的视觉效果,并用于辅助色和主体色上。单一色多以一种基本色搭配另外两种其他色调。在不同用途的 UI 界面设计中,色彩搭配也有讲究,例如给儿童使用的教育辅导类设计界面,就应该尽可能温暖简洁,浅黄色和浅蓝色都比较常用。在传统文化的数字界面上,应该采用比较复古的色调,以彰显沉稳和深厚(图 7-4)。

3. 版式编排层次化

版式编排可以引导操作流程,凸显渐进的过程。其设计需细致、考究,信息层级划分明确,用户体验和谐、流畅。如下图 7-5 就是一个设计简洁又富有层次感的天气情况网页界面。

图 7-4　端午节 UI 页面设计

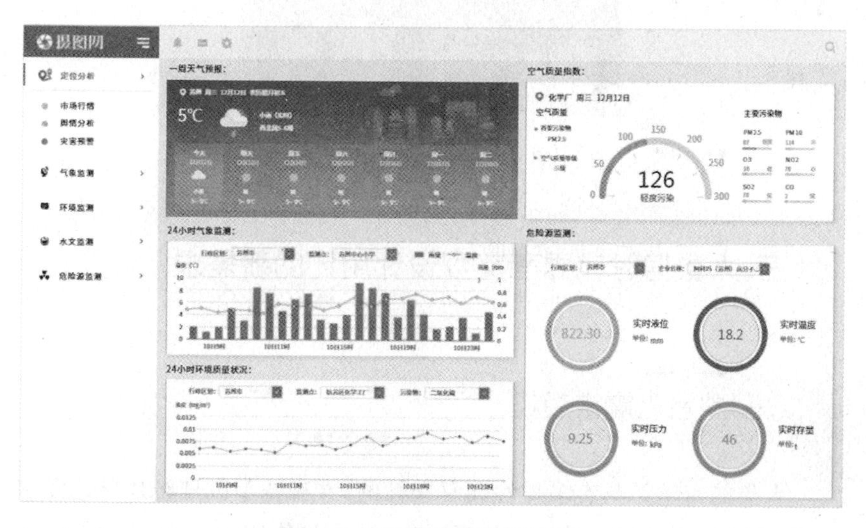

图 7-5　天气监控预测系统

4. 交互方式易用化

重视目标用户的需求和审美(7-6),结合用户心理和行为特点,减少繁复的指令,用最简单的方式创建易用、有效的交互运作。

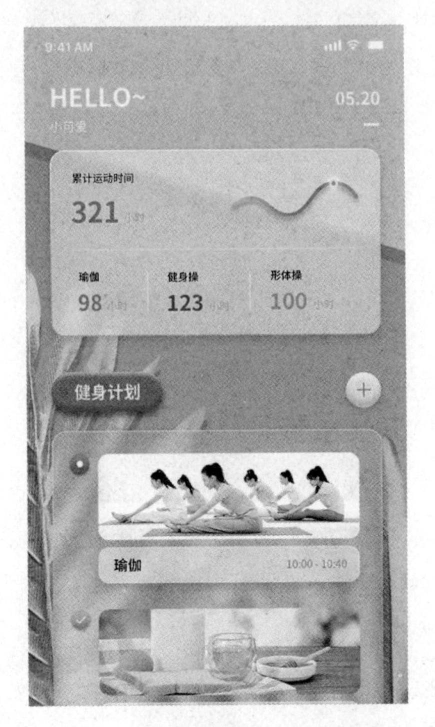

图 7-6　毛玻璃质感 App 界面

三、大数据时代界面交互设计用户的新需求

(一)整合化需求趋势

人类的需求是具有多样性和复杂性的,在科技手段日新月异地发展之下,设计的形式也越来越让人眼花缭乱。和传统的信息获取方式相比,互联网时代的信息虽然像海洋一样深广,但是信息的获取方式却呈

现出总是被人诟病的“碎片化”特征。不仅是信息本身,我们阅览信息的时间和消费的频率也越来越碎片化。这往往使用户备受困扰,但是通过大数据手段来收集和处理信息,可以迅速建立模型,挖掘用户行为模式,根据用户习惯,优化界面和功能设计,使信息的呈现符合用户的心智模型。

在这一过程中,信息的整合与归纳尤为重要,这种对于碎片化信息的整合,可以通过良好的界面设计来实现,包括对信息内容、服务及使用体验进行全方位整合,从而提高用户对产品的信任度。

(二)情感化需求趋势

在现代社会,人们对于物质需求的紧迫程度已经大大降低了,与此同时,精神消费的重要性日益得到重视①,对精神消费的看重便难免会促使一个感性化消费时代的产生,人们在消费的时候对于自己情感性的需求看得更加重要,即使在很多时候,消费者并不能清晰地意识到这个需求。情感化的需求会受到社会、历史、心理、生理等各方面因素的影响。所以在进行界面交互设计的时候也要注意使品牌界面设计符合用户情感化、人性化的需求。界面交互设计要充分考虑目标用户的心理活动、情感文化需求以及平日行为特点,等等。

(三)个性化需求趋势

在过去的时代,企业的生产和品牌设计往往难以照顾到作为个体的用户需求。用户对于企业来说在大部分的时间里是面目模糊的大众。但是在大数据时代,通过精细化的信息收集,企业拥有了更多更全的关于个人用户的信息,这就为企业从精微的细节化角度去了解用户的需求,并且给用户提供更加精准、贴心的个性化信息服务,乃至提

① 马斯洛的需求层次结构是心理学中的激励理论,包括人类需求的五级模型,通常被描绘成金字塔内的等级。从层次结构的底部向上,需求分别为:生理(食物和衣服)、安全(工作保障)、社交需要(友谊)、尊重和自我实现。这种五阶段模式可分为不足需求和增长需求。前四个级别通常称为缺陷需求(D需求),而最高级别称为增长需求(B需求)。1943年,马斯洛指出人们需要动力实现某些需要,有些需求优先于其他需求。

供了无限可能。具体来说,对于界面交互设计,个性化服务主要包括三个层次的内容:第一,服务时空的个性化,也就是说界面服务的时间和地点要符合用户的要求,遵从用户的习惯。第二,服务内容上的个性化,根据用户的独立需求订制服务内容。第三,服务方式的个性化,根据用户的喜好或特点开展服务。

参考文献

[1][美]DonaldA. Norman. 情感化设计[M]. 付秋芳，程进三译. 北京：电子工业出版社，2005.

[2][美]DonaldA. Norman. 设计心理学[M]. 梅琼译. 北京：中信出版社，2003.

[3][美]AlanCooper. 交互设计之路[M]. ChrisDing 译. 北京：电子工业出版社，2006.

[4][美]JenniferPreece，YvonneRogers，HelenSharp. 交互设计——超越人机交互[M]. 刘晓晖，张景等译. 北京：电子工业出版社，2003

[5][美]StevenHeim. 和谐界面——交互设计基础[M]. 李学庆等译. 北京：电子工业出版社，2008.

[6][美]SuzanneGinsburg. iPhone 应用用户体验设计实战与案例[M]. 师蓉，樊旺斌译. 北京：机械工业出版社，2011.

[7][美]巴克斯顿. 用户体验草图设计：正确地设计，设计得正确[M]. 黄峰等译. 北京：电子工业出版社，2012.

[8][美]库伯，瑞宁；克洛林. AboutFace3 交互设计精髓[M]. 刘松涛等译. 北京：电子工业出版社，2012.

[9][日]原研哉. 设计中的设计[M]. 朱谔译. 南宁：广西师范大学出版社，2012.

[10][英]安德鲁·理查德森. 视觉传达革命：数据视觉化设计[M]. 吴南妮译. 北京：中国青年出版社，2018.

[11]陈根. 交互设计及经典案例点评[M]. 北京：化学工业出版社，2016.

[12]陈抒，陈振华. 交互设计的用户研究践行之路[M]. 北京：清华大学出版社，2018.

[13]代福平. 信息可视化设计[M]. 重庆：西南师范大学出版社，2015.

[14]董建明,傅利民,饶培伦. 人机交互:以用户为中心的设计与评估(第4版)[M]. 北京:清华大学出版社,2013.

[15]范凯熹,胡晓琛. 信息交互设计[M]. 青岛:中国海洋大学出版社,2015.

[16]宫晓东,边鹏,魏文静. 交互设计[M]. 合肥:合肥工业大学出版社,2016.

[17]顾振宇. 交互设计:原理与方法[M]. 北京:清华大学出版社,2016.

[18]海姆. 和谐界面:交互设计基础[M]. 北京:电子工业出版社,2007.

[19]胡飞编. 聚焦用户:UCD观念与实务[M]. 北京:中国建筑工业出版社,2009.

[20]黄琦,毕志卫. 交互设计[M]. 杭州:浙江大学出版社,2012.

[21]科尔伯恩著,李松峰,秦绪文译. 简约至上:交互式设计四策略. 北京:人民邮电出版社,2011.

[22]李乐山. 人机界面设计[M]. 北京:科学出版社,2004.

[23]李世国. 体验与挑战——产品交互设计[M]. 南京:江苏美术出版社,2007.

[24]李四达. 交互设计概论[M]. 北京:清华大学出版社,2009.

[25]李旋,王科,余万. 网站的视觉交互设计研究[M]. 电脑迷,2018(11).

[26]廖国良. 交互设计概论[M]. 武汉:华中科技大学出版社,2017.

[27]廖宏勇. 信息设计[M]. 北京:北京大学出版社,2017.

[28]刘伟. 走进交互设计[M]. 北京:中国建筑工业出版社,2013.

[29]刘扬,吴丹. 网络广告交互设计[M]. 重庆:西南师范大学出版社,2013.

[30]罗涛. 交互设计语言:与万物对话的艺术[M]. 北京:清华大学出版社,2018.

[31]欧阳丽莎. 视觉信息设计[M]. 北京:北京大学出版社,2017.

[32]彭冲. 交互式包装设计[M]. 沈阳:辽宁科学技术出版社,2018.

[33]宋方昊. 交互设计[M]. 北京:国防工业出版社,2015. 08.

[34]孙皓琼. 图形对话——什么是信息设计[M]. 北京:清华大学出版社,2011.

[35]王传东. 设计色彩学[M]. 济南:山东美术出版社,2007.

[36]吴旭敏,王敏. 基于用户体验的网页交互设计研究[M]. 艺术教育,2017.

[37]席涛. 信息视觉设计[M]. 上海:上海交通大学出版社,2011.

[38]许丽云. 视觉传达设计中的信息设计[D]. 北京:北京服装学院,2007.

[39]严晨,唐琳,杨虹. 网页交互设计基础与实例教程[M]. 北京:北京理工大学出版社,2016.

[40]杨洁. 视觉交互设计[M]. 南京:江苏凤凰美术出版社,2018.

[41]由芳. 交互设计:设计思维与实践[M]. 北京:电子工业出版社,2017.

[42]张劲松,吕欣,余永海. 跨界思维交互设计实践[M]. 杭州:浙江大学出版社,2016.

[43]张毅,王立峰,孙蕾. 信息可视化设计[M]. 重庆:重庆大学出版社,2017.

[44]优逸客科技有限公司著. 移动界面设计视觉营造的风向标[M]. 北京:机械工业出版社,2017.

[44]谷学静,石琳,郭宇承. 交互设计中的人工情感[M]. 武汉:武汉大学出版社,2015.

[45]李珂,王君,刘娟. 卫浴产品造型开发设计[M]. 南京:东南大学出版社,2014.

[46]孟磊. 高等院校设计学精品课程规划教材 数字展示设计[M]. 南京:江苏美术出版社,2016.